高等职业教育网络安全系列教材

网络安全与管理项目教程

（微课版）

申巧俐　陈良维 ◎ 主　编
张　靓　徐　均　甘茂然 ◎ 副主编

U0217877

电子工业出版社
Publishing House of Electronics Industry
北京·BEIJING

内 容 简 介

  本书由高校与企业合作编写，以项目案例为载体，介绍网络安全与管理的基础知识和技术应用。本书首先介绍虚拟仿真软件的基本功能、特点、安装及使用，然后设计了 12 个从简单到复杂，以及知识点和技术应用从单一到综合、拓扑结构设计从单分支到多分支整合的网络系统集成项目。其中，每个项目首先介绍技术原理，其次给出项目背景，再次结合项目背景进行需求分析，并根据需求进行规划设计，最后给出详细的实施方案和测试过程。本书配套了丰富的数字化教学资源，方便开展线上线下同步教学。

  本书可作为高等职业院校、职教本科计算机网络技术专业、网络工程专业及其他相关专业的教材，也可作为网络管理人员、网络工程技术人员和对计算机网络技术感兴趣的读者的参考书。

图书在版编目（CIP）数据

网络安全与管理项目教程 ：微课版 / 申巧俐，陈良维主编. -- 北京 ：电子工业出版社，2024. 8. -- ISBN 978-7-121-48460-5

Ⅰ．TP393.08

中国国家版本馆CIP数据核字第2024BC5142号

责任编辑：徐建军

印　　刷：涿州市京南印刷厂
装　　订：涿州市京南印刷厂
出版发行：电子工业出版社
　　　　　北京市海淀区万寿路 173 信箱　　　邮编：100036
开　　本：787×1092　　1/16　　印张：13.5　　字数：355 千字
版　　次：2024 年 8 月第 1 版
印　　次：2024 年 8 月第 1 次印刷
印　　数：1 200 册　　定价：48.00 元

  凡所购买电子工业出版社图书有缺损问题，请向购买书店调换。若书店售缺，请与本社发行部联系，联系及邮购电话：（010）88254888，88258888。

  质量投诉请发邮件至 zlts@phei.com.cn，盗版侵权举报请发邮件至 dbqq@phei.com.cn。

  本书咨询联系方式：（010）88254570，xujj@phei.com.cn。

前言

根据教育部印发的《高等职业学校专业教学标准（试行）》中计算机网络技术专业的教学标准，"网络安全与管理"是计算机网络技术专业的核心课程，开设在大学二年级第二学期或大学三年级第一学期，其定位是专业前导课程的综合运用，是顶岗实习、毕业设计等后续课程的基础，在专业课程的学习中具有承上启下的作用。

本书采用当前流行的虚拟仿真软件，主要有华为公司的 eNSP、Cisco 公司的 Packet Tracer 和 GNS3 等，模拟网络安全与管理中的各种场景。首先介绍上述各种虚拟仿真软件的基本功能、特点、安装及使用，然后介绍网络安全与管理项目实践。本书以典型的虚拟仿真项目介绍技术应用和实施过程，项目设计从简单到复杂、知识点和技术应用从单一到综合、拓扑结构设计从单分支到多分支整合，共设计了 12 个网络系统集成项目，主要包含使用 VLAN 技术规划部署网络、使用 OSPF 部署网络、使用 RIP 部署网络、网络设备基本管理、限制虚拟终端访问、规划配置 NAT 实现网络地址转换、使用 ACL 技术进行流量整形、使用认证技术加固网络通信、网络可靠技术及应用、使用 VPN 技术加固网络通信，以及两个网络安全综合案例，旨在通过这些项目的仿真训练加深学生对网络通信原理和基本知识的理解，提升他们的网络工程部署实施专业技能，构建网络整体架构的概念，实现常见的网络安全与管理维护需求。

本书由成都航空职业技术学院的申巧俐、陈良维担任主编，由张靓、徐均、甘茂然担任副主编。其中，项目 8～项目 13 由申巧俐编写，项目 1 由张靓编写，项目 2 和项目 3 由甘茂然编写，项目 4～项目 6 由徐均编写，项目 7 由陈良维编写。全书由申巧俐统稿，由陈良维审校。

在编写本书的过程中，编者参考了大量的相关资料，并得到所在学院和相关企业的大力支持，在此一并表示感谢。

为了方便教师教学，本书配有电子教学课件，请有需要的教师登录华信教育资源网，注册后免费下载，如有问题可在网站留言板中留言或发送邮件至 hxedu@phei.com.cn。

由于网络安全技术发展迅速，加之编者水平有限，书中难免存在疏漏，敬请读者批评指正。

编　者

目录

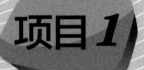

项目 1

虚拟仿真软件的安装和使用

HUAWEI Mate 60 Pro 是华为公司（以下简称华为）于 2023 年 8 月 29 日上架的智能手机，是该公司时隔 3 年再次采用麒麟旗舰芯片的手机。HUAWEI Mate 60 Pro 是我国解决芯片技术短板的强有力的证明，也是我国科技创新事业的历史性突破。

知识目标

（1）了解 eNSP、Packet Tracer、GNS3 虚拟仿真软件在网络工程实施技术学习过程中的应用。

（2）掌握 eNSP、Packet Tracer、GNS3 虚拟仿真软件的安装和使用方法。

能力目标

（1）能够熟练安装 eNSP、Packet Tracer、GNS3 虚拟仿真软件，并根据需要搭建网络环境。

（2）能够熟练使用 eNSP、Packet Tracer、GNS3 虚拟仿真软件。

素质目标

（1）了解网络技术发展的现状和趋势，树立终身学习的理念和培养终身学习的习惯。

（2）培养严谨细致的工作作风。

（3）了解华为的发展历程和当今国际局势，培养爱国情怀。

1.1 eNSP

eNSP（Enterprise Network Simulation Platform）是一款由华为提供的、可扩展的、图形化操作的虚拟仿真软件，主要对企业网络路由器、交换机进行软件仿真，呈现真实设备场景，支持大型网络模拟，可以在没有真实设备的情况下进行模拟演练。它主要具有以下特点。

（1）高度仿真：可以模拟华为路由器、交换机的大部分特性，还可以模拟 PC 终端、Hub、云、帧中继交换机等，能够仿真设备配置功能，进行大规模组网，模拟接口抓包，展示协议通信过程等。

（2）图形化操作：支持创建、修改、删除、保存拓扑结构，添加设备、接口连线等操作，以不同颜色，直观反映设备与接口的运行状态。另外，用户可以直接打开其中的预置工程案例进行学习和演练。

（3）分布式部署：支持单机和多机版本，可以进行组网培训，多机组网最多能够模拟 200 台设备的组网规模。

（4）免费对外开放：直接下载安装使用，无须申请许可证。

eNSP 功能丰富，常用的功能主要如下。

（1）创建拓扑：用于创建一个网络拓扑图。

（2）保存：用于保存工程文件。

（3）另存为：用于将工程文件保存到其他文件夹和位置。

（4）启动设备：在配置设备前，用于开启设备。

（5）关闭设备：用于关闭设备，断开电源。

（6）双击设备可以直接打开控制台。

（7）对网络设备进行名称标注。

当使用 eNSP 进行模拟组网之前，需要在计算机上安装 eNSP，并运行该软件。运行 eNSP 需要以下 3 个软件的支持。第 1 个是 Wireshark。安装 Wireshark 主要为了便于在测试网络通信时抓取通信过程中的数据包。第 2 个是 Oracle VM VirtualBox。这是一款开源的虚拟机软件，功能类似于 VMware，可以在其中安装网络设备的虚拟操作系统来模拟网络设备，为 eNSP 中使用网络设备提供内核支撑。第 3 个是 WinPcap。这是 Windows 平台下的免费、公共的网络访问系统，主要为 Win32 应用程序提供访问网络底层的能力。这里安装 WinPcap 的目的是用于网络分析、故障排除和网络安全监控等。下面依次介绍 WinPcap、Wireshark、Oracle VM VirtualBox 及 eNSP 的安装过程。

第 1 步：安装 WinPcap。双击"WinPcap_4_1_3"安装文件，打开安装向导（见图 1-1），单击"Next"按钮。

进入"License Agreement"页面（见图 1-2），单击"I Agree"按钮。

进入"Installation options"页面（见图 1-3），勾选复选框，单击"Install"按钮。

进入安装完成页面（见图 1-4），单击"Finish"按钮，完成安装。

图 1-1　WinPcap 安装向导

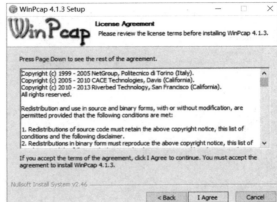

图 1-2　"License Agreement"页面 1

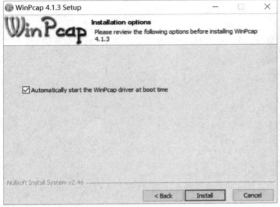

图 1-3　"Installation options"页面

图 1-4　安装完成页面 1

第 2 步：安装 Wireshark。双击"Wireshark-win64-3.4.2"安装文件，打开安装向导（见图 1-5），单击"Next"按钮。

进入"License Agreement"页面（见图 1-6），单击"Noted"按钮。

图 1-5　Wireshark 安装向导

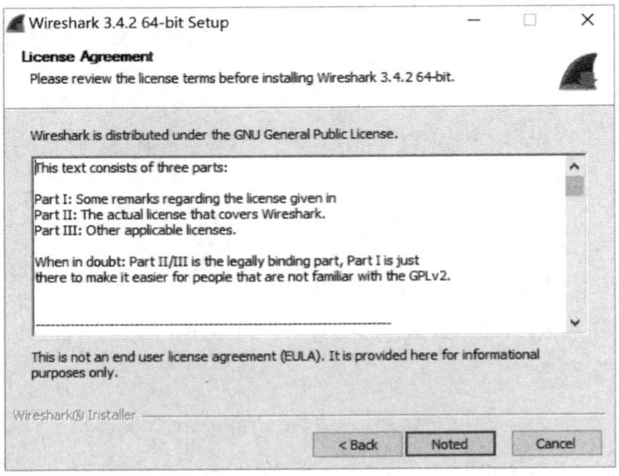

图 1-6　"License Agreement"页面 2

进入"Choose Components"页面（见图 1-7），勾选所有复选框，单击"Next"按钮。

进入"Additional Tasks"页面（见图 1-8），使用默认项，单击"Next"按钮。

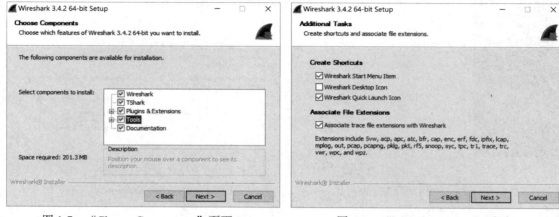

图 1-7　"Choose Components"页面 1　　　　图 1-8　"Additional Tasks"页面

进入"Choose Install Location"页面（见图 1-9），单击"Browse"按钮，选择安装目录（注意：此处的安装目录必须是英文目录），单击"Next"按钮。

进入"Packet Capture"页面（见图 1-10），取消勾选"Install Npcap 1.00"复选框，单击"Next"按钮。

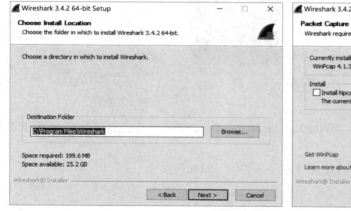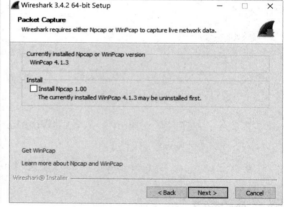

图 1-9　"Choose Install Location"页面　　　　图 1-10　"Packet Capture"页面

进入"USB Capture"页面（见图 1-11），勾选"Install USBPcap 1.5.4.0"复选框，单击"Install"按钮。

进入"Installing"页面（见图 1-12），单击"Next"按钮。

进入安装完成页面（见图 1-13），单击"Finish"按钮，完成安装。如果此处不需要立即重启系统，那么可以选中"I want to manually reboot later"单选按钮，否则选中"Reboot now"单选按钮。

第 3 步：安装 Oracle VM VirtualBox。双击"VirtualBox-5.2.26-128414-Win"安装文件，打开安装向导（见图 1-14），单击"Next"按钮。

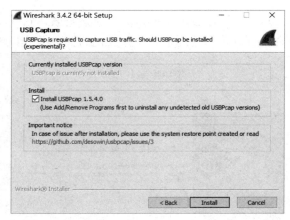

图 1-11 "USB Capture" 页面

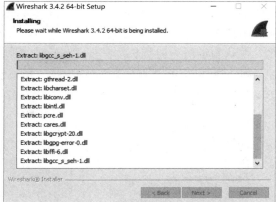

图 1-12 "Installing" 页面

图 1-13 安装完成页面 2

图 1-14 Oracle VM VirtualBox 安装向导

进入 "Custom Setup" 页面（见图 1-15），单击 "Browse" 按钮，在弹出的对话框中选择安装目录（注意：此处安装目录必须是英文目录），单击 "Next" 按钮。

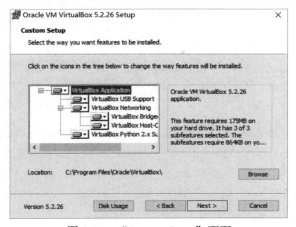

图 1-15 "Custom Setup" 页面

进入安装选项页面（见图 1-16），根据需要勾选复选框，如勾选 "Create start menu entries" 复选框表示在系统开始菜单栏中创建启动项，勾选 "Create a shortcut on the desktop" 复选框表示在桌面上创建快捷按钮，勾选"Create a shortcut in the Quick Launch Bar"复选框表示在快速启动栏中创建快捷方式，勾选"Register file associations"复选框表示建立注册文件关联，此处默认勾选所有复选框，单击"Next"按钮。

进入警示页面（见图 1-17），单击"Yes"按钮。

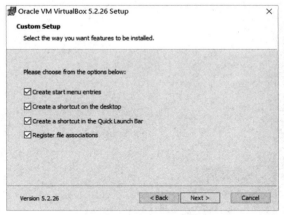

图 1-16　安装选项页面

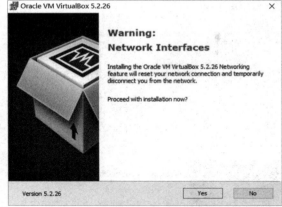

图 1-17　警示页面

进入"Ready to Install"页面（见图 1-18），单击"Install"按钮。

在弹出的安全提示对话框（见图 1-19）中单击"安装"按钮，勾选"始终信任来自'Oracle Corporation'的软件"复选框，开始安装。

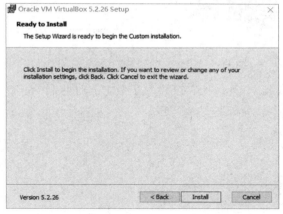

图 1-18　"Ready to Install"页面 1

图 1-19　安全提示对话框

安装完成后，进入安装完成页面（见图 1-20），取消勾选"Start Oracle VM VirtualBox 5.2.26 after installation"复选框，单击"Finish"按钮，关闭安装完成页面。

第 4 步：安装 eNSP。双击"eNSP_Setup"安装文件，弹出"选择安装语言"对话框（见图 1-21），选择"中文（简体）"选项，单击"确定"按钮。

打开安装向导（见图 1-22），单击"下一步"按钮。

进入"许可协议"页面（见图 1-23），选中"我愿意接受此协议"单选按钮，单击"下一步"按钮。

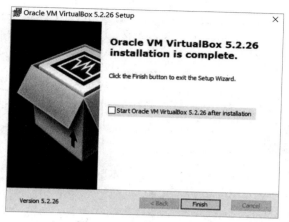

图 1-20 安装完成页面 3

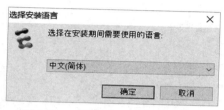

图 1-21 "选择安装语言"对话框

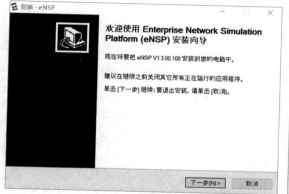

图 1-22 eNSP 安装向导

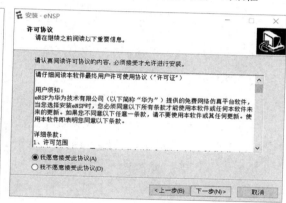

图 1-23 "许可协议"页面

进入"选择目标位置"页面（见图 1-24），单击"浏览"按钮，在弹出的对话框中选择安装目录（注意：此处安装目录必须是英文目录），单击"下一步"按钮。

进入"选择开始菜单文件夹"页面（见图 1-25），单击"浏览"按钮，在弹出的对话框中选择安装的文件夹，默认是"eNSP"文件夹，单击"下一步"按钮。

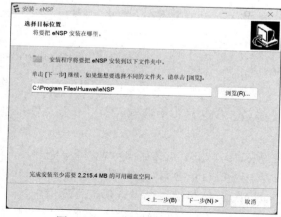

图 1-24 "选择目标位置"页面

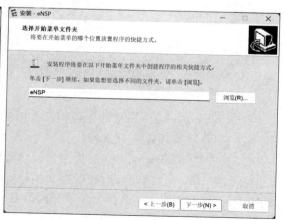

图 1-25 "选择开始菜单文件夹"页面

进入"选择附加任务"页面（见图 1-26），单击"下一步"按钮。

进入"选择安装其他程序"页面（见图1-27）。此时，系统将检测 WinPcap、Wireshark、Oracle VM VirtualBox（VirtualBox）这3个软件的安装情况，并显示安装结果。只有当页面中显示已安装这3个软件时，才能单击"下一步"按钮，否则需要安装好未安装的软件之后，再安装 eNSP。

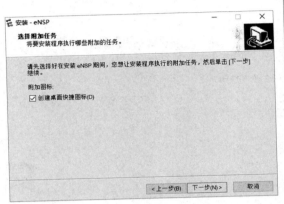

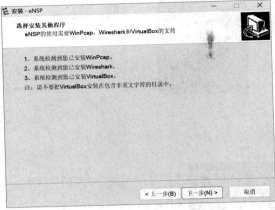

图1-26　"选择附加任务"页面　　　　　　图1-27　"选择安装其他程序"页面

进入"准备安装"页面（见图1-28），单击"安装"按钮。

完成安装。当第一次运行 eNSP 时，系统将弹出"Windows 安全中心警报"对话框（见图1-29）。在该对话框中，勾选专用网络和公用网络复选框，单击"允许访问"按钮，这样每次在运行 eNSP 时，防火墙将允许 eNSP 访问专用网络和公用网络。

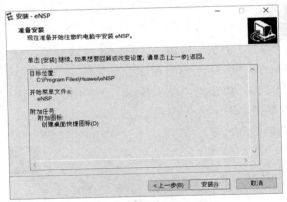

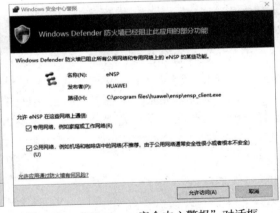

图1-28　"准备安装"页面　　　　　图1-29　"Windows 安全中心警报"对话框

由于 Windows 操作系统的环境不同，可能会导致在安装过程中遇到问题，下面简单介绍一下常见的问题及其解决方法。

（1）在安装 WinPcap4.1.3 时，提示系统已有更新的版本（如出现提示"a newer（5.10.924）..."）而导致无法安装，此时只需进入"C:\Windows\SysWOW64"目录搜索"packet"，找到"packet.dll"和"wpcap.dll"文件，将这两个文件分别改为"packet.dll.old"和"wpcap.dll.old"即可。

（2）在 eNSP 中打开设备时，出现了 40 错误提示。经过查看网络适配器后发现缺少了 VirtualBox Host-Only Network 虚拟网卡。这是由于在安装 eNSP 后又安装了 VMware，导致 VirtualBox Host-Only Network 虚拟网卡丢失。此时，可以卸载 VMware，并重装 Oracle VM

VirtualBox，或者在 Oracle VM VirtualBox 管理器中添加虚拟网卡，并将其 IP 地址改为 192.168.56.1，子网掩码改为 255.255.255.0，具体操作过程如下。

① 双击 Oracle VM VirtualBox 快捷方式 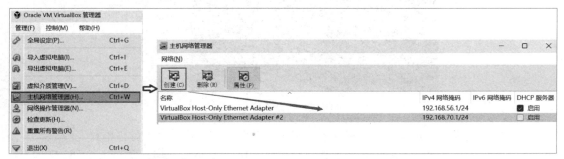，打开 Oracle VM VirtualBox 管理器，选择 "管理"→"主机网络管理器" 选项，打开 "主机网络管理器" 窗口，单击工具栏中的 "创建" 按钮，新建一个 VirtualBox Host-Only Ethernet Adapter 网卡，如图 1-30 所示。注意：此处生成 的网卡名称是在 VirtualBox Host-Only Ethernet Adapter 之后加上#2 的编号，若再创建一个 VirtualBox Host-Only Ethernet Adapter 网卡，其名称将会在 VirtualBox Host-Only Ethernet Adapter 后加上#3，以此类推。

图 1-30　新建 VirtualBox Host-Only Ethernet Adapter 网卡

② 单击 VirtualBox Host-Only Ethernet Adapter #2 网卡，在下方的网卡标签页中将 IP 地址 改为 192.168.56.1，子网掩码改为 255.255.255.0。如果 Oracle VM VirtualBox Host-Only Ethernet Adapter #2 网卡的 IP 地址已经是 192.168.56.1，则不用做此修改。关闭该网卡的 DHCP 功能 （通常默认是关闭的），选中 Oracle VM VirtualBox 管理器左下方窗格中的 eNSP 注册设备，右 击该设备，在弹出的快捷菜单中选择 "删除" 选项，弹出 "虚拟电脑控制台-问题" 对话框， 单击 "删除所有文件" 按钮，即可删除选中的 eNSP 注册设备，如图 1-31 所示。

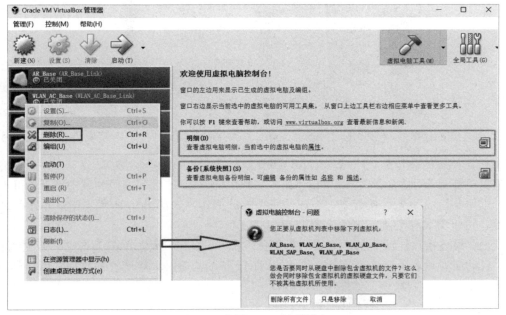

图 1-31　删除 eNSP 注册设备

③ 打开 eNSP，重新注册设备。选择"菜单"→"工具"→"注册设备"选项，打开"注册"窗口（见图 1-32），勾选右侧所有复选框，单击"注册"按钮，即可重新注册所有设备。如果事先没有在 Oracle VM VirtualBox 管理器中删除设备，那么此处需要先删除设备，再重新注册。

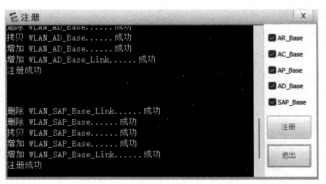

图 1-32 "注册"窗口

下面介绍使用 eNSP 模拟搭建网络。打开 eNSP，单击工具栏的"新建拓扑" ![按钮] 按钮，选择左侧设备列表框中的"AR2220"选项，将其拖动到中间空白区域，如图 1-33 所示。

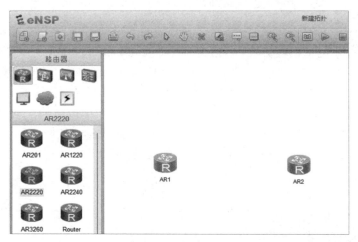

图 1-33 新建拓扑

单击"设备连线" ![按钮] 按钮，单击"Copper"铜线 ![按钮] 按钮，单击需要连线的设备 AR1，在弹出的该设备的接口列表中选择"GE 0/0/0"选项①，如图 1-34 所示。

将鼠标指针移动到 AR2 上，单击 AR2，在弹出的 AR2 的设备接口列表中选择"GE 0/0/0"选项，即可将两台设备连接起来，完成网络拓扑的搭建，如图 1-35 所示。选中并拖动设备接口标签，可以将其移动到指定的位置。

此时，设备接口连线上的圆点显示为红色，表示设备未启动，单击工具栏中的"启动" ![按钮]按钮，启动所有设备。启动设备需要一定的时间，请耐心等待。启动设备成功之后，设备接口连线上的圆点会变为绿色，如图 1-36 所示。

---

① 本书中 GE 表示 GigabitEthernet。

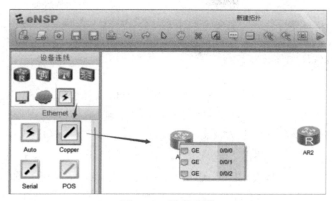

图 1-34　设备连线

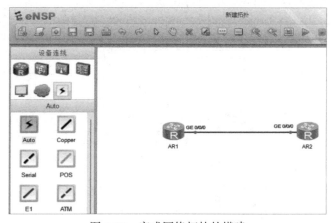

图 1-35　完成网络拓扑的搭建

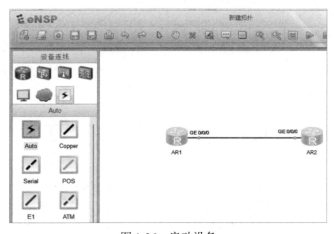

图 1-36　启动设备

　　启动设备成功后，只需双击需要配置的设备，即可打开配置设备的命令控制台，如图 1-37 所示。配置完成后，先在用户视图下执行 save 命令，保存配置，再单击工具栏中的"保存" 按钮，保存工程文件。

图 1-37　设备的命令控制台

1.2 Packet Tracer

Packet Tracer 是由 Cisco 公司发布的一种网络虚拟仿真软件，为学习思科网络课程的初学者进行网络规划设计、部署实施和排除网络故障提供仿真网络环境。用户可以在 Packet Tracer 的图形化用户界面上直接使用拖曳方法建立网络拓扑，显示数据包在网络通信过程中的详细处理过程，观察网络实时运行情况。Packet Tracer 可以帮助学习者提升 IOS 配置和故障排查能力。目前，最新的版本是 Packet Tracer 8.2，支持 VPN、AAA 认证、无线局域网、物联网等多种仿真模拟。它的主要特点包括占用资源少、操作简便等。下面先介绍 Packet Tracer 的安装方法，本书使用的是 Packet Tracer 7.3 版本，具体安装过程如下。

（1）双击"Cisco Packet Tracer-7.3.0-win64-setup"安装文件，进入"License Agreement"页面（见图 1-38），选中"I accept the agreement"单选按钮，单击"Next"按钮。

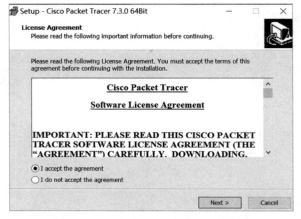

图 1-38 "License Agreement"页面 3

（2）进入"Select Destination Location"页面（见图 1-39），单击"Browse"按钮，在弹出的对话框中选择安装路径，单击"Next"按钮。如果不改变安装路径，将默认安装到系统 C 盘中。

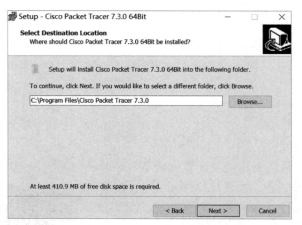

图 1-39 "Select Destination Location"页面

（3）进入"Select Start Menu Folder"页面（见图 1-40），默认安装文件夹为"Cisco Packet Tracer"，或者单击"Browse"按钮，在弹出的对话框中选择合适的安装位置和文件夹后，再单击"Next"按钮。

（4）进入"Select Additional Tasks"页面（见图 1-41），勾选下方的复选框，以选择创建桌面图标或加入快捷菜单，单击"Next"按钮。

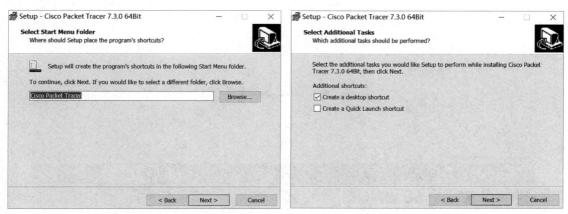

图 1-40　"Select Start Menu Folder"页面　　　　图 1-41　"Select Additional Tasks"页面

（5）进入"Ready to Install"页面（见图 1-42），单击"Install"按钮开始安装。安装完成后，单击安装完成页面的"Finish"按钮，结束安装。

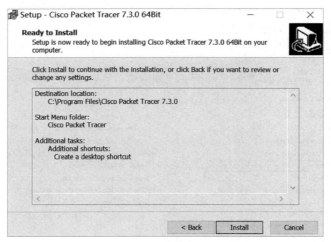

图 1-42　"Ready to Install"页面 2

下面介绍 Packet Tracer 的使用方法。

（1）打开 Packet Tracer 主窗口（见图 1-43），单击窗口下方设备栏中的"网络设备"按钮，在右下方路由器列表中选择合适的路由器，并将其拖动到中间空白区域；单击"网络联系"按钮，在右侧连线列表中单击"交叉线"按钮，将鼠标指针移动到需要连接的设备上，即可显示其连接端口；选中合适的端口，并将鼠标指针移动到另一台需要连接的设备上，单击该设备，在弹出的端口列表中选择需要的端口即可。此时，拓扑图中没有显示设备的端口编号。如果需要显示，那么可以选择菜单栏中的"Options"→"Preferences"选项。

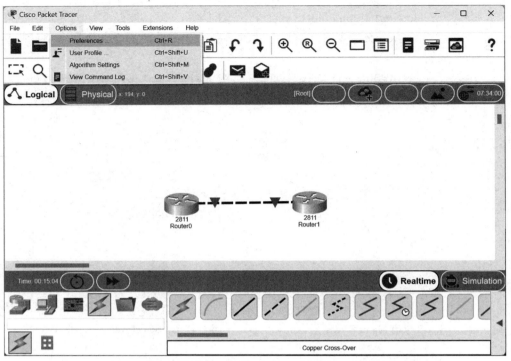

图 1-43　Packet Tracer 主窗口

（2）打开"Preferences"窗口（见图 1-44），选择"Interface"选项卡，勾选"Always Show Port Labels in Logical Workspace"复选框。

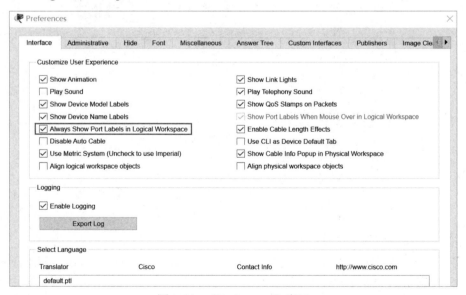

图 1-44　"Preferences"窗口

（3）关闭"Preferences"窗口，返回 Packet Tracer 主窗口，即可显示设备的端口编号，如图 1-45[①]所示。

_____

① 本书中 Fa 表示 FastEthernet。

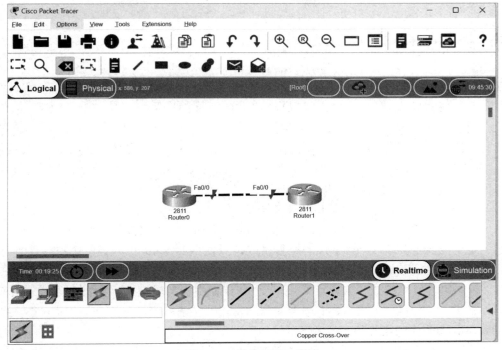

图 1-45　设备的端口编号

（4）双击需要配置的设备，可直接启动。在启动过程中，窗口会出现提示"Would you like to enter the initial configuration dialog? [yes/no]："，按组合键 Ctrl+C，可以直接跳到设备的配置提示命令行，如图 1-46 所示；接下来可以直接对设备进行配置，配置完成后单击工具栏中的"保存" ![保存图标] 按钮，在弹出的对话框中选择保存路径并输入文件名，即可将文件保存为后缀名是.pkt 的工程文件。

图 1-46　设备配置提示命令行

1.3 GNS3

GNS3 是一款具有图形化界面的、可以在多个平台（包括 Windows、Linux 和 macOS 等）上运行的网络虚拟仿真软件。GNS3 可以模拟 Cisco 网络操作系统 IOS，也可以模拟在真实路由器上部署或配置相关设置。GNS3 主要整合了以下软件：首先是 Dynamips，它是一款可以直接运行 Cisco 网络操作系统 IOS 的模拟器；其次是 Dynagen，它是文字显示前端；再次是 Pemu，它是 PIX 防火墙设备模拟器；最后是 WinPcap。GNS3 具有以下特点。

（1）可以设计出优秀的网络拓扑结构。

（2）可以模拟 Cisco 路由设备和 PIX 防火墙。

（3）可以模拟简单的以太网交换机、ATM 交换机和帧中继交换机。

（4）能够装载和保存 Dynamips 的配置格式，对使用 Dynamips 内核的虚拟软件具有较好的兼容性，支持文件格式（JPEG、PNG、BMP 和 XPM）的导出。

GNS3 支持虚拟机模式和物理机模式。这里建议使用虚拟机模式，因此在正式安装 GNS3 软件前，需要在计算机上准备好虚拟机软件。通常，可以将 GNS3 中的 PC 或服务器等终端设备桥接到 VMware 中的虚拟机或物理主机上。

下面介绍 GNS3 的安装过程。双击"GNS3-0.8.3-all-in-one"安装文件，打开安装向导（见图 1-47），单击"Next"按钮。

进入"License Agreement"页面（见图 1-48），单击"I Agree"按钮。

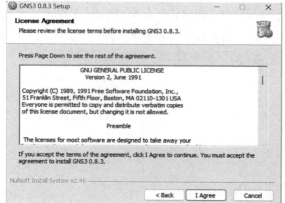

图 1-47 GNS3 安装向导   图 1-48 "License Agreement"页面 4

进入"Choose Start Menu Folder"页面（见图 1-49），输入安装的文件夹名，默认是"GNS3"，单击"Next"按钮。

进入"Choose Components"页面（见图 1-50），勾选所有复选框。

选择安装路径，开始依次安装组件。在安装期间，如果已经安装的组件版本高于如图 1-50 所示的组件版本，那么将提示是否覆盖。此时，可以单击"No"按钮，无须做其他设置，直接跟着向导单击"Next"按钮，直到安装完成，进入如图 1-51 所示的页面。如果需要立即运行 GNS3，则勾选"Start GNS3"复选框，否则取消勾选该复选框。单击"Finish"按钮，完成安装。

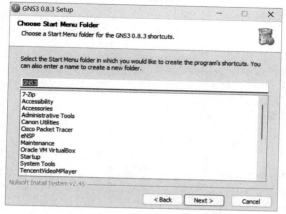

图 1-49　"Choose Start Menu Folder" 页面

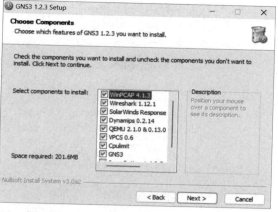

图 1-50　"Choose Components" 页面 2

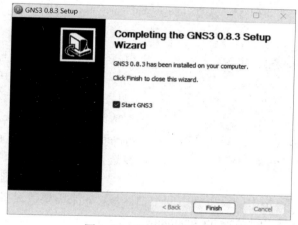

图 1-51　GNS3 安装完成

安装完 GNS3 后，需要将组建网络时所用的路由器和交换机等网络设备或防火墙等安全设备的映像文件导入 GNS3。在导入之前下载好相关的映像文件，如图 1-52 所示。

图 1-52　映像文件

打开 GNS3，选择菜单栏中的 "Edit" → "IOS images and hypervisors" 选项，打开 "IOS images and hypervisors" 窗口（见图 1-53），单击 "Settings" 选区的 "Image file" 选项中的 ⋯ 按钮，打开选择映像文件窗口，找到并选择需要导入的映像文件；设置相应的 "Platform" 和 "Model" 选项，单击 "Save" 按钮，即可导入所选的设备映像文件。

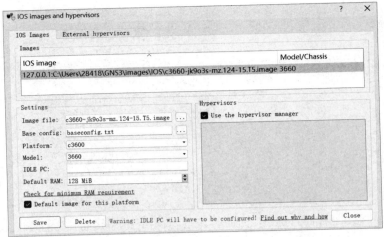

图 1-53　"IOS images and hypervisors"窗口

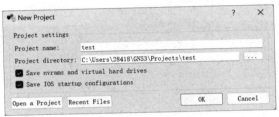

图 1-54　"New Project"窗口

导入映像文件后，就可以使用 GNS3 模拟搭建网络了。单击工具栏中的 按钮，新建一个空白拓扑，打开"New Project"窗口（见图 1-54），输入工程文件名"test"，设置存放路径，勾选"Save nvrams and virtual hard drives"和"Save IOS startup configurations"复选框，单击"OK"按钮。

一个空白拓扑的工程文件就建好了。此时，拖动"Node Types"窗格中的设备到中间空白区域。如果需要改设备名，那么右击该设备，在弹出的快捷菜单中选择"Change the hostname"选项，弹出"Change the hostname"对话框，在文本框中输入设备名，单击"OK"按钮，如图 1-55 所示。

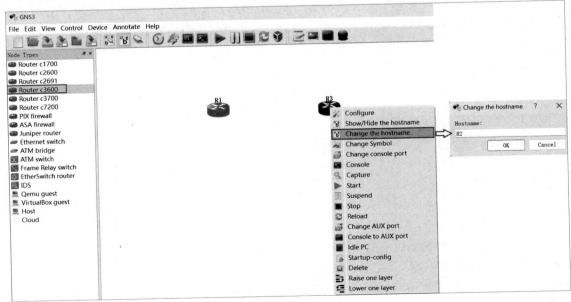

图 1-55　更改设备名

单击工具栏中的 按钮，单击需要连线的设备 R2，弹出 R2 的接口列表，如图 1-56① 所示。

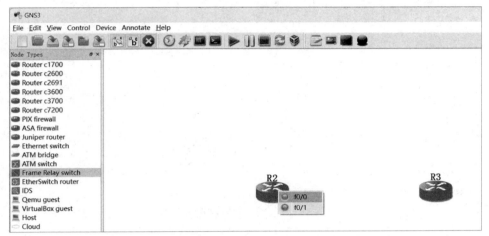

图 1-56　接口列表

选择需要连接的接口 f0/0，将鼠标指针移动到 R3 上，单击该设备，弹出该设备的接口列表，选择连接的接口 f0/0（见图 1-57），一个简单的网络拓扑就搭建好了。搭建完网络拓扑后，可以将设备接口移动到合适的位置。

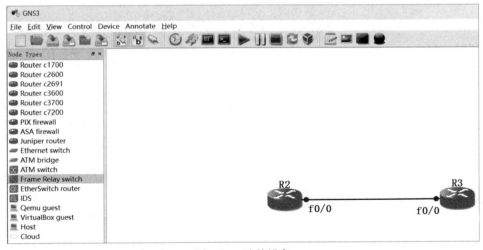

图 1-57　连接设备

由于路由器处于未开启状态，因此接口显示为红色，单击工具栏中的"开启" 按钮，开启所有设备。开启后的设备接口将显示为绿色，如图 1-58 所示。

双击需要配置的设备，打开配置设备的命令控制台（见图 1-59），即可对设备进行配置。配置完成后，需要在特权模式下执行 save 命令，保存设备的配置。

---

① 本书中 f 表示 FastEthernet。

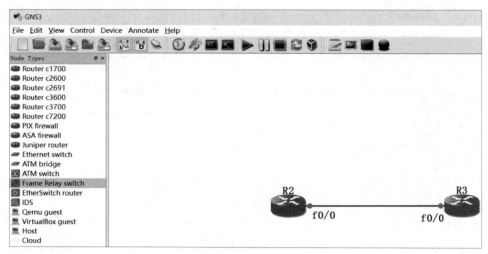

图 1-58　开启设备

图 1-59　设备的命令控制台

项目 2

使用 VLAN 技术规划部署网络

2014 年 2 月 27 日，中共中央总书记、国家主席、中央军委主席、中央网络安全和信息化领导小组组长习近平在中央网络安全和信息化领导小组第一次会议上强调，"网络安全和信息化是事关国家安全和发展、事关广大人民群众工作生活的重大战略问题，要从国际国内大势出发，总体布局，统筹各方，创新发展，努力把我国建设成为网络强国。"

知识目标

（1）了解 VLAN 技术的概念及技术优势。

（2）掌握 VLAN 技术的工作原理。

能力目标

（1）具有规划、部署和实施 VLAN 的能力。

（2）能够使用路由器或三层交换技术实现 VLAN 之间的通信。

素质目标

（1）树立终身学习的理念和培养终身学习的习惯。

（2）培养严谨细致的工作作风。

（3）增强安全意识和团队协作精神。

任务 2.1　VLAN 的部署与实施

2.1.1　VLAN 的工作原理

VLAN（虚拟局域网）是一种通过对局域网内的设备逻辑地址进行划分，实现将物理网络划分成多个虚拟工作组的技术。通过划分 VLAN，可以实现相同 VLAN 内的主机直接进行通信，而不同 VLAN 之间的主机不能直接进行通信，必须通过路由器进行转发。划分 VLAN 的优势主要体现在以下几点。

（1）提高局域网的安全性，不同 VLAN 内的报文在传输时相互隔离。

（2）限制广播域。在划分 VLAN 之后，将广播域限制在一个 VLAN 内，避免因中病毒而引起的广播风暴。

（3）灵活构建虚拟局域网。使用 VLAN 技术可以将不同物理位置的用户或主机划分到同一个 VLAN 中，便于根据需要构建局域网，维护方式更方便和灵活。

（4）提高网络的健壮性，可以将故障限制在 VLAN 内，VLAN 内的故障不影响其他 VLAN。

VLAN 划分通常分为基于端口、基于 MAC 地址、基于 IP 子网、基于协议、基于策略等方式。华为交换机的端口分为 Access（接入）、Trunk（中继）、Hybrid（混合）这 3 种。Access 端口用于连接计算机等终端设备，只能属于一个 VLAN，即只能传输一个 VLAN 的数据。Trunk 端口用于连接交换机、路由器等网络设备，允许传输多个 VLAN 的数据。Hybrid 端口是华为系列交换机端口的默认工作模式，能够接收和发送多个 VLAN 的数据帧，可以用于连接交换机之间的链路，也可以用于连接终端设备。

VLAN 的规划要点如下。

（1）创建 VLAN：在系统视图下执行"vlan <vlan-id>"（创建单个 VLAN）或"vlan batch { vlan-id1 [to vlan-id2] }"（创建多个 VLAN）命令。

（2）配置 Access 端口：进入端口视图，执行"port link-type access"命令，将端口设置为 Access 类型；执行"port default vlan <vlan-id>"命令，将端口划分到 VLAN 中。

（3）配置 Trunk 端口：进入端口视图，执行"port link-type trunk"命令，将端口设置为 Trunk 类型；执行"port trunk allow-pass vlan <vlan-id>"命令，设置允许承载的 VLAN。

（4）执行"display vlan"命令以验证配置结果。

2.1.2　项目背景

某公司设有财务部、人事部、市场部、研发部，整个公司的办公区分为两个楼层，财务部和人事部在一楼办公区，并通过交换机 LSW1 连接网络，市场部和研发部在二楼办公区，并通过交换机 LSW2 连接网络。为了使各部门相互之间不互相干扰，需要将各个部门单独组成一个网络，以便各网络内部能够互相通信。请给出解决方案，并进行部署实施。

2.1.3　项目规划设计

通过分析该公司的组网需求，可以根据行政职能将网络划分为财务部、人事部、市场部和研发部 4 个子网。由于该公司的办公区分布在两个楼层，为了方便进行接线，首先在每个楼层各设置一台交换机，以实现该楼层网络的互联，然后将这两台交换机相互连接。若要实现上述规划设计，则需要使用 VLAN 技术，并构建如图 2-1 所示的网络拓扑结构。地址分配如表 2-1 所示，其中包括 VLANID、设备名、对应端口、网段 IP 地址及网关地址。在图 2-1 中，主机地址用 IP 地址中的最后一个字节值的缩写形式表示，如 PC1 下方的 ".2" 表示该主机地址为 192.168.10.2，省略了前面的网络号部分 "192.168.10"。本书后续章节网络拓扑结构中的地址标识方法均沿用此缩写方法。实现上述需求的部署过程分为以下几步。

（1）创建 VLAN。

（2）配置接入链路，并将端口划入相应的 VLAN。

①　进入端口视图。

②　将端口配置为 Access 类型。

③　将端口划分到相应的 VLAN 中。

（3）配置 Trunk 链路及 Trunk 链路允许通过的 VLAN。

①　进入端口视图。

②　将端口配置为 Trunk 类型。

③　配置 Trunk 链路允许通过的 VLAN。

（4）配置主机的接口 IP 地址。

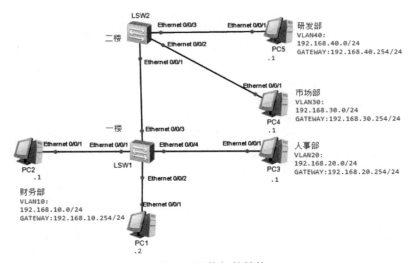

图 2-1　网络拓扑结构

表 2-1　地址分配

VLANID	设备名	对应端口	网段 IP 地址	网关地址
10	LSW1	Ethernet 0/0/1 和 Ethernet 0/0/2	192.168.10.0/24	192.168.10.254/24
20	LSW1	Ethernet 0/0/4	192.168.20.0/24	192.168.20.254/24
30	LSW2	Ethernet 0/0/2	192.168.30.0/24	192.168.30.254/24
40	LSW2	Ethernet 0/0/3	192.168.40.0/24	192.168.40.254/24

2.1.4　项目部署实施

基于以上规划设计，具体实施过程如下。

（1）创建 VLAN。

```
<huawei>sys
[huawei]sys LSW1
//逐个创建 VLAN
[LSW1]vlan  10
[LSW1]vlan  20
[LSW1]vlan  30
[LSW1]vlan  40
<huawei>sys
[huawei]sys LSW2
//批量创建 VLAN
[LSW2]vlan batch 10 20 30 40
```

（2）配置接入链路，并将端口划入相应的 VLAN。

① 将单一接口配置为接入端口①。

```
[LSW1]int e0/0/4
[LSW1-Ethernet0/0/4]Port link-type access
[LSW1-Ethernet0/0/4]Port default vlan 20
```

② 创建组端口，通过批量方式将端口划入 VLAN。

```
[LSW1]port-group CW
[LSW1-port-group-cw]group-member Ethernet 0/0/1 to Ethernet 0/0/2
[LSW1-port-group-cw]port link-type access
[LSW1-port-group-cw]port default vlan 10
[LSW1-port-group-cw]quit
[LSW2]int e0/0/2
[LSW2-Ethernet0/0/2]Port link-type access
[LSW2-Ethernet0/0/2]Port default vlan 30
[LSW2]int e0/0/3
[LSW2-Ethernet0/0/3]Port link-type access
[LSW2-Ethernet0/0/3]Port default vlan 40
```

（3）配置 Trunk 链路及 Trunk 链路允许通过的 VLAN。

```
[LSW1]Int e0/0/3
[LSW1-Ethernet0/0/3]Port link-type trunk
[LSW1-Ethernet0/0/3]Port trunk allow-pass vlan  10 20 30 40
[LSW2]Int e0/0/1
[LSW2-Ethernet0/0/1]Port link-type trunk
[LSW2-Ethernet0/0/1]Port trunk allow-pass vlan  all
```

---

① 本书中使用 e 表示 Ethernet。

2.1.5 项目测试

测试各主机之间的连通性。打开 PC1,使用 ping 命令测试其与 PC2、PC3、PC4、PC5 的连通性,结果如图 2-2 所示。由图 2-2 可知,PC1 与 PC2 属于同一个部门,位于同一个网络,可以互相通信,而 PC1 无法与 PC3、PC4、PC5 进行通信,这是因为它们不在同一个网络中。

图 2-2 PC1 测试结果

2.1.6 任务书

一、实训目的
(1)通过项目实践,掌握 VLAN 的规划配置方法,理解 VLAN 的工作原理。
(2)养成严谨认真的工作作风。

二、实训要求

某公司的网络拓扑结构如图 2-1 所示，请完成以下部署与配置任务。

（1）在 eNSP 中构建网络环境，并为主机配置接口 IP 地址。

（2）为了减少广播数据，需要规划 VLAN，具体要求如下。

① 在交换机 LSW1、LSW2 上分别创建 VLAN10、VLAN20、VLAN30 和 VLAN40，其中交换机各接口对应的 VLAN 及分配的网段 IP 地址如表 2-1 所示。

② 配置交换机 LSW1 与 LSW2 之间的链路为 Trunk 链路，并允许所有 VLAN 通过。

（3）测试各主机之间的连通性。

三、评分标准

（1）网络拓扑结构布局简洁、美观，标注清晰。（20%）

（2）VLAN 规划配置正确。（60%）

（3）测试各主机之间的连通性。（20%）

四、设备配置截图

五、测试结果截图

六、教师评语

实验成绩：   教师：

使用路由器实现
VLAN 之间的通信

任务 2.2　使用路由器实现 VLAN 之间的通信

2.2.1　使用路由器实现 VLAN 之间通信的工作原理

在划分 VLAN 之后，各 VLAN 之间需要路由才能实现通信。通过路由器或三层交换机可以实现位于不同 VLAN 的计算机之间的三层通信。以下介绍使用路由器实现三层通信。

当使用路由器实现 VLAN 之间的通信时，路由器与交换机的连接方式有以下 3 种。

第 1 种：将交换机下的每个 VLAN 连接到路由器的不同物理接口。这种方式管理简单，但网络扩展的难度较大，并且每新增一个 VLAN，就需要消耗一个路由器的接口。由于路由器的局域网接口有限，因此这种方式造成的开销大、局限性也较大。

第 2 种：先通过将路由器物理接口划分成多个虚拟的逻辑子接口，再与交换机的各个 VLAN 相连。此时，逻辑子接口充当相应 VLAN 的网关。这种方式要求路由器和交换机的端口都支持汇聚链接，并且双方都必须支持相同的汇聚链路协议。由于需要在路由器上定义对应各个 VLAN 的逻辑子接口，而逻辑子接口的数量取决于 VLAN 的数量，因此网络扩展容易且成本低。这种方式的规划要点如下。

（1）先在路由器 R1 上创建逻辑子接口，再执行"interface g0/0/1.<vlan-id>"命令[①]。

（2）先配置逻辑子接口的 IP 地址，再执行"ip address ip mask 值"命令。

（3）先启用逻辑子接口的 dot1q 封装，再执行"dot1q termination vid <vlan-id>"命令。

（4）先配置允许逻辑子接口转发广播报文，再执行"arp broadcast enable"命令。

第 3 种：使用三层交换机实现 VLAN 之间的通信，具体介绍见任务 2.3。

2.2.2　项目背景

某公司的办公区分为领导办公区和员工办公区。该公司通过一台出口路由器连接外网，办公区由一台二层交换机直接连接。请根据以上信息，实现内网互通。

2.2.3　项目规划设计

根据该公司的组网需求，构建如图 2-3 所示的网络拓扑结构。由于办公区分为两个，因此根据办公分区将交换机下的端口划分成两个 VLAN，分别是 VLAN10 和 VLAN20。这两个 VLAN 对应两个子网。想要实现内网两个子网之间的相互通信，需要在出口路由器上配置单臂路由。地址分配如表 2-2 所示，其中包括 VLANID、设备名、连接端口、网段 IP 地址及网关地址。

---

① 本书中使用 g 表示 GigabitEthernet。

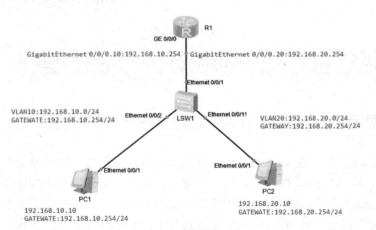

图 2-3　网络拓扑结构

表 2-2　地址分配

VLANID	设备名	连接端口	网段 IP 地址	网关地址
10	LSW1	Ethernet 0/0/2～Ethernet 0/0/10	192.168.10.0/24	192.168.10.254/24
20	LSW1	Ethernet 0/0/11～Ethernet 0/0/22	192.168.20.0/24	192.168.20.254/24

本项目的实施过程可分为以下几步。

（1）在交换机 LSW1 上划分 VLAN，并进行相应配置。

① 创建 VLAN。

② 配置接入链路，并将端口划入相应的 VLAN。

③ 配置 Trunk 链路及 Trunk 链路允许通过的 VLAN。

（2）在出口路由器 R1 上创建并配置逻辑子接口，实现 VLAN 之间的互通。

① 进入逻辑子接口，并配置逻辑子接口的 IP 地址。

② 启用逻辑子接口的 dot1q 封装。

③ 配置允许逻辑子接口转发广播报文。

（3）配置主机的接口 IP 地址。

2.2.4　项目部署实施

根据上述规划设计，具体实施过程如下。

（1）在交换机 LSW1 上划分 VLAN，并进行相应配置。

① 创建 VLAN。

```
[SW1]vlan batch 10 20
```

② 配置接入链路，并将端口加入相应的 VLAN①。

```
//进入组端口，将Ethernet 0/0/2～Ethernet 0/0/10 划入 VLAN10
[Huawei]port-group vlan10
[Huawei-port-group-vlan10]group-member Ethernet 0/0/2 to E0/0/10
[Huawei-port-group-vlan10]port link-type access
```

---

① 本书中使用 E 表示 Ethernet。

```
[Huawei-port-group-vlan10]port default vlan 10
//进入组端口，将 Ethernet 0/0/11～Ethernet 0/0/22 划入 VLAN20
[Huawei]port-group vlan20
[Huawei-port-group-vlan20]group-member Ethernet 0/0/11 to E0/0/22
[Huawei-port-group-vlan20]port link-type access
[Huawei-port-group-vlan20]port default vlan 20
```

③ 配置 Trunk 链路及 Trunk 链路允许通过的 VLAN。

```
//进入端口
[SW1]interface  e 0/0/1
//配置端口为 Trunk 类型
[Huawei-Ethernet0/0/1]port link-type trunk
//配置 Trunk 链路承载所有 VLAN
[Huawei-Ethernet0/0/1]port trunk allow-pass vlan 10 20
//修剪 VLAN，配置 Trunk 链路不承载 VLAN 1
[Huawei-Ethernet0/0/1]undo port trunk allow-pass vlan 1
```

（2）在出口路由器上创建并配置逻辑子接口，实现 VLAN 之间的互通。

```
//创建逻辑子接口
[R1]interface GigabitEthernet0/0/0.10
//指定逻辑子接口为 VLAN10 提供服务
[R1-GigabitEthernet0/0/0.10]dot1q termination vid 10
//开启逻辑子接口的转发功能
[R1-GigabitEthernet0/0/0.10]arp broadcast enable
//配置逻辑子接口的 IP 地址
[R1-GigabitEthernet0/0/0.10]ip address 192.168.10.254 24
//创建逻辑子接口
[R1]interface GigabitEthernet0/0/0.20
//指定逻辑子接口为 VLAN10 提供服务
[R1-GigabitEthernet0/0/0.20]dot1q termination vid 20
//开启逻辑子接口的转发功能
[R1-GigabitEthernet0/0/0.20]arp broadcast enable
//配置逻辑子接口的 IP 地址
[R1-GigabitEthernet0/0/0.20]ip address 192.168.20.254 24
```

2.2.5　项目测试

测试 PC1 与 PC2 的连通性，结果如图 2-4 所示。

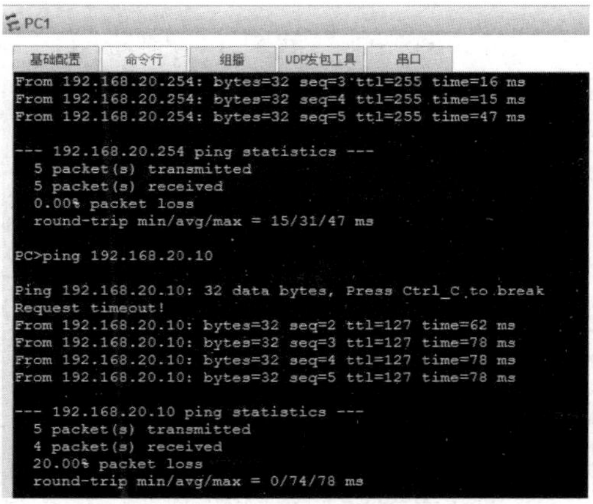

图 2-4　连通性测试结果 1

2.2.6 任务书

一、实训目的

（1）通过项目实践，掌握单臂路由的规划配置方法，理解单臂路由的工作原理。

（2）养成严谨认真的职业素养。

二、实训要求

某公司的网络拓扑结构如图 2-3 所示，请完成以下部署与配置任务。

（1）在 eNSP 中构建网络环境，并为主机 PC1 和 PC2 配置 IP 地址。

（2）VLAN 的规划配置具体要求如下。

① 在交换机 LSW1 上创建 VLAN10 和 VLAN20，其中交换机各端口对应的 VLAN 划分及分配的网段 IP 地址，如表 2-2 所示。

② 在交换机 LSW1 上配置接入链路。

③ 配置路由器 R1 与交换机 LSW1 之间的链路为 Trunk 链路，并允许所有 VLAN 通过。

（3）配置路由器 R1 的逻辑子接口。

（4）测试 PC1 与 PC2 之间的连通性。

三、评分标准

（1）网络拓扑结构布局简洁、美观，标注清晰。（20%）

（2）设备配置正确、完整。（60%）

（3）测试正确，PC1 与 PC2 能够互通。（20%）

四、设备配置截图

五、测试结果截图

六、教师评语

实验成绩：   教师：

任务 2.3　使用三层交换机实现 VLAN 之间的通信

2.3.1　使用三层交换机实现 VLAN 之间通信的工作原理

三层交换机本身具有三层路由功能，只需在三层交换机上为各个 VLAN 创建虚拟接口（这里的虚拟接口就是相应 VLAN 的网关），具体规划要点如下。

（1）执行"int vlanif <vlan-id>"命令，为 VLAN 创建虚拟接口。

（2）执行"ip add ip mask"命令，为 VLAN 的虚拟接口配置 IP 地址。

2.3.2　项目背景

某公司的办公区分为领导办公区和员工办公区。该公司通过核心交换机接入外网。为了节约成本，内网通过一台二层交换机直接互联。请规划部署网络，实现内网互通。

2.3.3　项目规划设计

根据该公司的组网需求，构建如图 2-5 所示的网络拓扑结构，并在二层交换机下划分两个 VLAN，分别为 VLAN10 和 VLAN20。其中，VLAN10 对应领导办公区，VLAN20 对应员工办公区。想要实现内网的两个子网之间相互通信，需要在核心交换机上配置虚拟接口 IP 地址作为各网段的网关。地址分配如表 2-3 所示，其中包括 VLANID、设备名、连接端口、网段 IP 地址及网关地址。

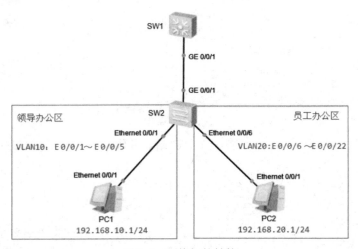

图 2-5　网络拓扑结构

表 2-3　地址分配

VLANID	设备名	连接端口	网段 IP 地址	网关地址
10	SW2	Ethernet 0/0/1～Ethernet 0/0/5	192.168.10.0/24	192.168.10.254/24
20	SW2	Ethernet 0/0/6～Ethernet 0/0/22	192.168.20.0/24	192.168.20.254/24

本项目的实施过程可分为以下几步。

（1）在交换机 SW1 和 SW2 上创建 VLAN10、VLAN20。

（2）在交换机 SW2 上配置接入端口，并加入 VLAN。

（3）在交换机 SW1 和 SW2 上配置 Trunk 链路，并配置允许承载的 VLAN。

（4）在交换机 SW1 上配置虚拟接口，并将虚拟接口的 IP 地址作为各子网的网关地址。

（5）配置主机的接口 IP 地址。

2.3.4　项目部署实施

根据上述规划设计，具体部署实施过程如下。

（1）在交换机 SW1 和 SW2 上创建 VLAN10 和 VLAN20。

```
<huawei>sys
[huawei]sys SW1
[SW1]batch vlan 10 20
<huawei>sys
[huawei]sys SW2
[SW2]batch vlan 10 20
```

（2）在交换机 SW2 上配置接入端口，并加入 VLAN。

```
[SW2]port-group LD
[SW2-port-group-yg]group-member e0/0/1 to Ethernet 0/0/5
[SW2-port-group-yg]port link-type access
[SW2-port-group-yg]port default vlan 10
[SW2]quit
[SW2]port-group YG
[SW2-port-group-yg]group-member e0/0/6 to Ethernet 0/0/22
[SW2-port-group-yg]port link-type access
[SW2-port-group-yg]port default vlan 20
[SW2]quit
```

（3）在交换机 SW1 和 SW2 上配置 Trunk 链路，并配置允许承载的 VLAN。

```
[SW2]int g0/0/1
[SW2-g0/0/1]port link-type trunk
[SW2-g0/0/1]port trunk allow-pass vlan 10 20
//修剪 VLAN，并配置 Trunk 链路不承载 VLAN 1
[SW2-g0/0/1]undo port trunk allow-pass vlan 1
[SW1]int g0/0/1
[SW1-g0/0/1]port link-type trunk
[SW1-g0/0/1]port trunk allow-pass vlan 10 20
```

```
//修剪 VLAN，并配置 Trunk 链路不承载 VLAN 1
[SW1-g0/0/1]undo port trunk allow-pass vlan 1
```

（4）在交换机 SW1 上配置虚拟接口，并将虚拟接口的 IP 地址作为各子网的网关地址。

```
[SW1]int vlanif 10
[SW1-vlanif10]ip add 192.168.10.254 24
[SW1]int vlanif 20
[SW1-vlanif20]ip add 192.168.20.254 24
```

（5）配置主机的接口 IP 地址，此处省略具体步骤。

2.3.5　项目测试

先测试 PC1 与其网关的连通性，再测试其与 PC2 的连通性，结果如图 2-6 所示。

图 2-6　连通性测试结果 2

2.3.6　任务书

一、实训目的

（1）通过项目实践，掌握使用三层交换机实现 VLAN 之间通信的规划配置方法，理解其工作原理。

（2）养成团结协作的精神。

二、实训要求

根据项目规划设计及图 2-5，请完成以下部署与配置任务。

（1）在 eNSP 中构建网络环境，在二层交换机上规划配置 VLAN。

（2）在三层交换机上规划配置 VLAN。

（3）在三层交换机上配置虚拟接口。

（4）为 PC1、PC2 配置 IP 地址。

（5）分别测试 PC1 与网关、PC2 的连通性。

三、评分标准

（1）网络拓扑结构布局简洁、美观，标注清晰。（20%）

（2）VLAN 规划配置及虚拟接口配置均正确。（60%）

（3）测试正确，网络可以互通。（20%）

四、设备配置截图

五、测试结果截图

六、教师评语

实验成绩：   教师：

习题 2

一、单选题

1. 在初始状态下，一台交换机的 MAC 地址表（　　）。

A. 为空　　　　　　　　　　　　B. 包含交换机自身端口的 MAC 地址

C. 包含系统默认的 MAC 地址　　　D. 以上说法均不正确

2. 交换机的端口默认属于（　　）。

A. VLAN 1　　　　B. VLAN 90　　　　C. VLAN 2　　　　D. VLAN 3

3. 下列有关 VLANIF 接口的说法，错误的是（　　）。

A. VLANIF 接口号必须与 VLANID 一一对应

B. VLANIF 接口是三层交换机上的虚拟接口

C. VLANIF 接口是三层接口

D. VLANIF 接口是三层交换机上的物理接口

4. 当数据在两个 VLAN 之间传输时，需要使用（　　）。

A. 二层交换机　　B. 网桥　　　　　C. 路由器　　　　D. 中继器

5. 以下有关传统 VLAN 之间路由的说法，正确的是（　　）。

A. 一个 VLAN 占用一个路由器物理接口

B. 多个 VLAN 占用一个路由器物理接口

C. 一个 VLAN 占用一个路由器虚拟子接口

D. 多个 VLAN 占用一个路由器虚拟子接口

6. 在配置交换机的 VLAN 时，不能删除（　　）。

A. VLAN 1　　　　B. VLAN 2　　　　C. VLAN 100　　　D. VLAN 1000

二、问答题

1. 常见的划分 VLAN 的方法有哪些？（列举 5 种）

2. 实现 VLAN 之间通信的方式有哪些？需要借助哪种设备？

使用 OSPF 部署网络

我们要具有追求卓越的创造精神、精益求精的品质精神、用户至上的服务精神。它的丰富内涵实质就是敬业、精益、专注、创新。

知识目标

（1）了解 OSPF 的发展历史及应用。
（2）掌握 OSPF 的工作原理。
（3）掌握使用 OSPF 实现网络互通的方法。

能力目标

（1）具有规划设计 OSPF 的能力。
（2）具有部署实施 OSPF 的能力。

素质目标

（1）树立终身学习的理念和培养终身学习的习惯。
（2）培养严谨细致的工作作风。
（3）增强全局意识和责任意识。

使用 OSPF 部署
简单网络

任务 3.1 使用 OSPF 部署简单网络

3.1.1 OSPF 的工作原理

OSPF（Open Shortest Path First，开放最短路径优先）是一种采用最短路径优先算法的动态路由协议，属于链路状态协议，交互的是链路状态通告信息。OSPF 协议发展至今有 3 个版本，其中 OSPFv1 是一种实验性的路由协议，OSPFv2 是目前常用的版本，OSPFv3 用于 IPv6 环境。首先，运行 OSPF 协议的路由器通过已启用 OSPF 的接口将自己的链路状态信息发送给其他 OSPF 设备；在同一个 OSPF 区域中，每台设备都会参与链路状态信息的创建、发送、接收与转发，直至该区域中所有 OSPF 设备全部获取相同的链路状态信息，生成一个 LSDB（链路状态数据库，该 LSDB 是对网络拓扑结构的描述）；然后，该路由器根据最短路径优先算法生成一棵以自身为根 SPF 树，显示到网络中每个节点的最短路径。该 SPF 树给出了到网络中各个节点的路由，从而可以生成路由表。

链路状态是指路由器的接口状态，其核心思想是每台路由器都将自身所有接口的接口状态（链路状态）共享给其他路由器。基于此，每台路由器可以依据自身的接口状态和其他路由器的接口状态计算去往各个目的地的路由。路由器的链路状态包含该接口的 IP 地址及子网掩码等信息。

链路状态通告（Link-State Advertisement，LSA）是链路状态信息的主要载体。链路状态信息主要包含在 LSA 中，并通过 LSA 的通告（泛洪）来实现共享。

当带有路由功能的网络设备运行 OSPF 协议之后，设备之间会先交互 hello 报文（hello 报文内通常包含一些路由的基本信息），再交互 DBD 报文（数据库描述报文。DBD 报文简要描述了自身的 LSA 信息），并通过收到的 DBD 报文与自身的 LSA 信息进行对比。

如果路由器发现 LSA 信息缺失，则会发送 LSR（Link State Request）报文，请求发送缺失部分的信息。这时，对等体设备会首先发送一个 LSU（Link State Update）报文（LSU 主要更新 LSA 信息），然后发送 ACK 报文来确保安全，最后将 LSU 更新到 LSA 数据库中，形成 LSDB，并运行 SPF 算法，从而计算出最优路径，形成路由表。

在运行 OSPF 协议的网络中，如果网络类型是多路访问网络类型，则直接选举出指定路由器（Designate Router，DR）和备份指定路由器（Backup Designate Router，BDR），以此来减少 LSA 信息的交换次数；如果网络类型是点对点网络类型，则交换初期 DBD 报文（不包含 LSA 头部），并基于 Router ID 来选举主从设备。

Router ID 是 OSPF 区域中路由器的唯一标识。一台 OSPF 路由器的 Router ID 按照以下方式生成。

（1）如果网络管理员手动配置了 Router ID，则路由器使用该 Router ID。

（2）如果网络管理员没有配置 Router ID，但在路由器上创建了逻辑接口（如环回接口），则路由器选择所有逻辑接口的 IPv4 地址中数值最大的地址作为 Router ID（无论该接口是否参与了 OSPF 协议）。

（3）如果没有实施步骤（1）和步骤（2），则路由器选择所有活动物理接口的 IPv4 地址中数值最大的地址作为 Router ID（无论该接口是否参与了 OSPF 协议）。

DR 和 BDR 需要与本多路访问网络中其他路由器建立邻接关系。DR 负责产生代表该网络的网络 LSA，以及与本多路访问网络中的其他 OSPF 路由器建立邻接关系，以收集并分发各台路由器的链路状态信息。BDR 作为 DR 的备份，当 DR 发生故障时可以接替其工作。DR/BDR 仅适用于广播（Broadcast）网络或非广播多路访问（NBMA）网络。DR 与 BDR 的选举应遵循以下规则。

（1）根据连接到该网段 OSPF 路由器接口的优先级进行选择。选择优先级最高的 OSPF 路由器为 DR。

（2）如果连接到该网段 OSPF 路由器接口的优先级相同，则根据 OSPF 路由器的 ID 值来选择 DR 与 BDR。选择 ID 值最大的 OSPF 路由器为 DR，ID 值次之的 OSPF 路由器为 BDR。

（3）如果某个多路访问网络连接的 OSPF 路由器只有一个，则可以选择该路由器为 DR，或者选择该路由器为 BDR。

采用 OSPF 协议进行通信的网络根据规模不同，可分为单域 OSPF 和多域 OSPF。通常，人们将规模不超过 50 台路由器，以及网络拓扑变化不频繁的网络划分为一个区域，即单域 OSPF；将规模超过 50 台路由器、网络拓扑变化频繁的网络划分为多个区域，即多域 OSPF。本书仅介绍单域 OSPF 及其规划部署。单域 OSPF 的规划要点如下。

（1）规划在多路访问网络中哪台路由器作为 DR、哪台路由器作为 BDR。通常，DR 和 BDR 最好由该网段性能较好的路由器来担任。

（2）规划每个 OSPF 路由器的 Router ID。通常，采用命令配置 Router ID，或者采用环回接口最高的 IP 地址作为 Router ID。

（3）规划哪些 OSPF 路由器的端口需要参与到 OSPF 进程中。

（4）将直连用户区的接口设置为 silent 接口。

另外，还可以根据实际安全需求，确认是否需要配置认证，以增加路由更新的安全性。

单域 OSPF 的配置分为以下几步。

（1）根据 DR 与 BDR 的规划，配置对应的 OSPF 路由器接口的优先级，并执行"ip ospf priority <0~255>"命令。

（2）启用 OSPF 进程，同时配置 Router ID 值，并执行"OSPF id router-id <x.x.x.x>"命令。

（3）指定所属的 OSPF 区域为"0"区域，并执行"area 0"命令。

（4）指定哪些与路由器接口相连的网络需要参与到 OSPF 进程中，并执行"network 网络号 反掩码"命令。

（5）根据需要配置 silent 接口，并执行"silent-interface 接口"命令。

（6）根据需要发布默认路由，并执行"default-route-advertise always"命令。

（7）根据需求配置认证功能、修改链路开销值等。此项为可选配置项。

（8）执行"display ip routing-table"命令查看路由表，以验证配置。

3.1.2　项目背景

某公司的网络拓扑结构如图 3-1 所示，其中两台路由器共连接了 4 个子网，分配了 4 个 IP 子网号，地址分配如表 3-1 所示，请通过规划配置 OSPFv2 实现全网互通，并进行测试。

3.1.3　项目规划设计

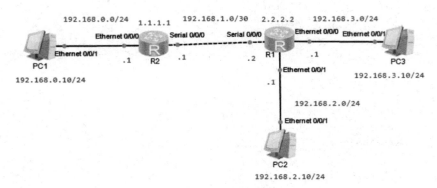

图 3-1　网络拓扑结构

表 3-1　地址分配

设备名	对应接口	IP 地址	对端设备及接口
R1	Ethernet 0/0/0	192.168.3.1/24	PC3 Ethernet 0/0/1
	Ethernet 0/0/1	192.168.2.1/24	PC2 Ethernet 0/0/1
	Serial 0/0/0	192.168.1.2/30	R2 Serial 0/0/0
R2	Ethernet 0/0/0	192.168.0.1/24	PC1 Ethernet 0/0/1
	Serial 0/0/0	192.168.1.1/30	R1 Serial 0/0/0
PC1	Ethernet 0/0/1	192.168.0.10/24	R2 Ethernet 0/0/0
PC2	Ethernet 0/0/1	192.168.2.10/24	R1 Ethernet 0/0/1
PC3	Ethernet 0/0/1	192.168.3.10/24	R1 Ethernet 0/0/0

根据该公司的组网需求，本项目需要通过规划 OSPFv2 实现全网互通。通过对如图 3-1 所示的网络拓扑结构进行分析可知，该公司有 3 个内网用户网段，即 192.168.0.0/24、192.168.2.0/24 和 192.168.3.0/24，有 1 个设备之间的网段，即 192.168.1.0/30。因此，基于 OSPFv2 的规划如下。

（1）由于路由器 R1 的性能比路由器 R2 的性能更好，因此在该网络中规划 R1 作为 DR，而 R2 则自动成为 BDR。为了节省路由器的计算开销，直接规划路由器 R2 的 Router ID 为 1.1.1.1，路由器 R1 的 Router ID 为 2.2.2.2。

（2）基于网络拓扑结构进行连接。其中，与路由器 R2 相连的网络 192.168.0.0/24 和 192.168.1.0/30 需要参与到 OSPF 进程中，而与路由器 R1 相连的网络 192.168.1.0/30、192.168.2.0/24 和 192.168.3.0/24 也需要参与到 OSPF 进程中。

（3）为了节省网络开销，同时提高网络的安全性，路由器 R2 的 Ethernet 0/0/0 接口连接的是直连用户区，因此将该接口设置为 silent 接口。同理，将路由器 R1 的 Ethernet 0/0/0 和 Ethernet 0/0/1 接口也设置为 silent 接口。

3.1.4　项目部署实施

（1）规划配置主机及各路由器的接口 IP 地址（略）。

（2）路由器 R1 的 OSPF 配置如下。

```
[R1]ospf router-id 2.2.2.2
[R1-ospf-1]area 0
[R1-ospf-1-area-0.0.0.0]network 192.168.1.0 0.0.0.3
[R1-ospf-1-area-0.0.0.0]network 192.168.3.0 0.0.0.255
[R1-ospf-1-area-0.0.0.0]network 192.168.2.0 0.0.0.255
[R1-ospf-1]silent-interface e0/0/0
[R1-ospf-1]silent-interface e0/0/1
```

（3）路由器 R2 的 OSPF 配置如下。

```
[R2]ospf router-id 1.1.1.1
[R2-ospf-1]area 0
[R2-ospf-1-area-0.0.0.0]network 192.168.1.0 0.0.0.3
[R2-ospf-1-area-0.0.0.0]network 192.168.0.0 0.0.0.255
[R2-ospf-1]silent-interface e0/0/0
```

3.1.5　项目测试

（1）执行 "display ospf peer" 命令查看邻居信息是否正确，结果如图 3-2 所示。

```
<R1>display ospf peer

        OSPF Process 1 with Router ID 2.2.2.2
            Neighbors

Area 0.0.0.0 interface 192.168.1.2(Serial0/0/0)'s neighbors
Router ID: 1.1.1.1          Address: 192.168.1.1
 State: Full  Mode:Nbr is  Slave  Priority: 1
 DR: None   BDR: None   MTU: 0
 Dead timer due in 27  sec
 Retrans timer interval: 5
 Neighbor is up for 00:00:21
 Authentication Sequence: [ 0 ]
```

图 3-2　邻居信息

（2）查看路由表信息是否正确，结果如图 3-3 所示。

```
<R1>display ip routing-table
Route Flags: R - relay, D - download to fib
------------------------------------------------------------
Routing Tables: Public
        Destinations : 10      Routes : 10

Destination/Mask    Proto   Pre  Cost      Flags NextHop       Interface

     127.0.0.0/8    Direct  0    0         D     127.0.0.1     InLoopBack0
     127.0.0.1/32   Direct  0    0         D     127.0.0.1     InLoopBack0
   192.168.0.0/24   OSPF    10   1563      D     192.168.1.1   Serial0/0/0
   192.168.1.0/30   Direct  0    0         D     192.168.1.2   Serial0/0/0
   192.168.1.1/32   Direct  0    0         D     192.168.1.1   Serial0/0/0
   192.168.1.2/32   Direct  0    0         D     127.0.0.1     Serial0/0/0
   192.168.2.0/24   Direct  0    0         D     192.168.2.1   Ethernet0/0/1
   192.168.2.1/32   Direct  0    0         D     127.0.0.1     Ethernet0/0/1
   192.168.3.0/24   Direct  0    0         D     192.168.3.1   Ethernet0/0/0
   192.168.3.1/32   Direct  0    0         D     127.0.0.1     Ethernet0/0/0
```

图 3-3　路由表信息

（3）测试网络的连通性。在 PC2 上使用 ping 命令测试其与 PC1 的连通性，结果如图 3-4 所示。

```
PC>ping 192.168.0.10

Ping 192.168.0.10: 32 data bytes, Press Ctrl_C to break
From 192.168.0.10: bytes=32 seq=1 ttl=126 time=93 ms
From 192.168.0.10: bytes=32 seq=2 ttl=126 time=62 ms
From 192.168.0.10: bytes=32 seq=3 ttl=126 time=63 ms
From 192.168.0.10: bytes=32 seq=4 ttl=126 time=78 ms
From 192.168.0.10: bytes=32 seq=5 ttl=126 time=63 ms
```

图 3-4　测试网络的连通性

3.1.6　任务书

一、实训目的 （1）通过项目实践，掌握单域 OSPF 的规划配置方法，理解 OSPF 的工作原理。 （2）养成大局观和责任意识。
二、实训要求 某公司的网络拓扑结构如图 3-1 所示，请完成以下部署与配置任务。 （1）在 eNSP 中构建网络环境，并为网络设备和主机配置接口 IP 地址，同时进行验证。 （2）为路由器 R1、R2 规划配置 OSPFv2。 （3）测试主机 PC1、PC2、PC3 之间的连通性。
三、评分标准 （1）网络拓扑结构布局简洁、美观，标注清晰。（20%） （2）设备配置正确、完整。（60%） （3）测试主机之间的连通性。（20%）
四、设备配置截图
五、测试结果截图
六、教师评语   实验成绩：　　　　　　　　　　　　　　　　教师：

使用 OSPF 部署
较复杂网络

任务 3.2　使用 OSPF 部署较复杂网络

3.2.1　项目背景

　　某公司有财务部、市场部、销售部、行政部 4 个职能部门。为了安全起见，在内部网络中根据职能部门将网络划分为 4 个子网。网络拓扑结构如图 3-5 所示。财务部、市场部对应虚拟局域网 VLAN10 和 VLAN20，接在交换机 AS-1 下；销售部、行政部对应虚拟局域网 VLAN30 和 VLAN40，接在交换机 AS-2 下。4 个职能部门通过汇聚层交换机 DS 相互连接；内网通过核心交换机 CS 接入因特网，与服务代理商的路由器 ISP 相连。VLAN 划分及地址分配分别如表 3-2 和表 3-3 所示，内网采用动态路由 OSPFv2 实现互通。

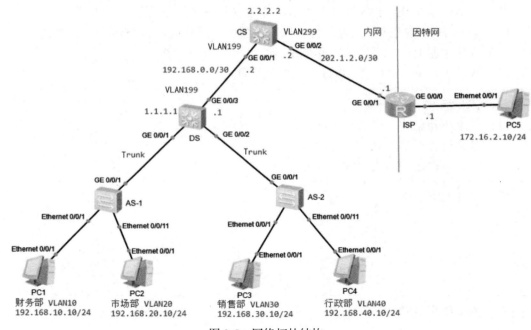

图 3-5　网络拓扑结构

表 3-2　VLAN 划分

设备名	部门	VLANID	对应接口	网段 IP 地址	网关地址
AS-1	财务部	10	Ethernet 0/0/1～Ethernet 0/0/10	192.168.10.0/24	192.168.10.254/24
AS-1	市场部	20	Ethernet 0/0/11～Ethernet 0/0/20	192.168.20.0/24	192.168.20.254/24
AS-2	销售部	30	Ethernet 0/0/1～Ethernet 0/0/10	192.168.30.0/24	192.168.30.254/24
AS-2	行政部	40	Ethernet 0/0/11～Ethernet 0/0/20	192.168.40.0/24	192.168.40.254/24

表 3-3　地址分配

设备名	对应接口	IP 地址	对端设备及接口
ISP	GE 0/0/1	202.1.2.1/30	CS GE 0/0/2
	GE 0/0/0	172.16.2.1/24	PC5 Ethernet 0/0/1
CS	GE 0/0/1	192.168.0.2/30	DS GE 0/0/3
	GE 0/0/2	202.1.2.2/30	ISP GE 0/0/1
AS-1	GE 0/0/1	—	DS GE 0/0/1
AS-2	GE 0/0/1	—	DS GE 0/0/2
PC1	Ethernet 0/0/1	192.168.10.10/24	AS-1 Ethernet 0/0/1
PC2	Ethernet 0/0/1	192.168.20.10/24	AS-1 Ethernet 0/0/11
PC3	Ethernet 0/0/1	192.168.30.10/24	AS-2 Ethernet 0/0/1
PC4	Ethernet 0/0/1	192.168.40.10/24	AS-2 Ethernet 0/0/11
PC5	Ethernet 0/0/1	172.16.2.10/24	ISP GE 0/0/0

3.2.2　项目规划设计

　　根据该公司的组网需求可知，首先需要在交换机 AS-1 上创建 VLAN10 和 VLAN20，并划分 VLAN，在交换机 AS-2 上创建 VLAN30 和 VLAN40，并划分 VLAN。交换机 AS-1 和 AS-2 下的 4 个 VLAN 通过汇聚层交换机 DS 实现互通，是典型的通过三层交换机实现的 VLAN 之间的互通，即在 DS 上分别给 VLAN10、VLAN20、VLAN30 和 VLAN40 创建虚拟接口。由于华为的交换机不支持直接配置接口 IP 地址，因此需要在汇聚层交换机 DS 上创建一个 VLAN 199，并将 GE 0/0/3 接口划分到 VLAN199 中，在核心交换机 CS 上分别创建 VLAN199 和 VLAN299，并将 GE 0/0/1 接口划分到 VLAN199 中，GE 0/0/2 接口划分到 VLAN299 中。在汇聚层交换机 DS 上规划 OSPFv2，参与 OSPF 进程的网络为各直连用户区网段，即 VLAN10、VLAN20、VLAN30 和 VLAN40 对应的网络，以及汇聚层交换机 DS 与核心交换机 CS 相连的网络 192.168.0.0/30。GE 0/0/1 和 GE 0/0/2 为 silent 接口。在核心交换机 CS 上规划 OSPFv2，参与 OSPF 进程的网络为 192.168.0.0/30 和 202.1.2.0/30。内网需要与因特网互通，这需要在核心交换机 CS 上配置一条默认路由到外网，在核心交换机 CS 的 OSPF 中将该默认路由重发布，同时需要在服务代理商的路由器 ISP 上配置一条默认路由到内网。该项目的具体规划实施步骤如下。

　　（1）在交换机 AS-1 和 AS-2 上规划部署 VLAN，其中与汇聚层交换机 DS 相连的接口均为 Trunk 接口。

　　（2）在汇聚层交换机 DS 上分别创建 VLAN10、VLAN20、VLAN30、VLAN40，配置中继端口，并配置虚拟接口 VLANIF，以实现 VLAN 之间的互通。

　　（3）在汇聚层交换机 DS 上创建 VLAN199，并将 GE 0/0/3 接口划分到 VLAN199 中；在核心交换机 CS 上分别创建 VLAN199 和 VLAN299，并将 GE 0/0/1 接口划分到 VLAN199 中，GE 0/0/2 接口划分到 VLAN299 中；在交换机 DS 和 CS 上分别配置 VLANIF199 和 VLANIF299 的 IP 地址，作为相应的接口 IP 地址。

　　（4）在核心交换机 CS 上规划配置默认路由，以实现内网可以连接因特网。

　　（5）分别在交换机 DS 和 CS 上规划部署 OSPFv2，以实现内网互通。由于核心交换机 CS 的性能更好，因此将核心交换机 CS 的 Router ID 规划为 2.2.2.2，汇聚层交换机 DS 的 Router

ID 规划为 1.1.1.1。另外，将核心交换机 CS 上配置的到外网的默认路由重发布到 OSPF 中，以便内网学习到外网的路由。

（6）在 ISP 上规划配置默认路由，以实现外网能够访问因特网。

（7）测试网络的连通性。

3.2.3 项目部署实施

（1）在交换机 AS-1 和 AS-2 上规划部署 VLAN。

① 交换机 AS-1 的配置[①]。

```
[Huawei]sysname AS-1
[AS-1]vlan batch 10 20
//进入组端口，将 Ethernet 0/0/1~Ethernet 0/0/10 接口划入 VLAN10
[AS-1]port-group vlan 10
[AS-1-port-group-vlan10]group-member e0/0/1 to e0/0/10
[AS-1-port-group-vlan10]port link-type access
[AS-1-port-group-vlan10]port default vlan 10
//进入组端口，将 Ethernet 0/0/11~Ethernet 0/0/20 接口划入 VLAN20
[AS-1]port-group vlan 20
[AS-1-port-group-vlan20]group-member e0/0/11 to e0/0/20
[AS-1-port-group-vlan20]port link-type access
[AS-1-port-group-vlan20]port default vlan 20
//配置 Trunk 链路
[AS-1]int G0/0/1
[AS-1-G0/0/1]port link-type trunk
[AS-1-G0/0/1]port trunk allow-pass vlan 10 20
[AS-1-G0/0/1]undo port trunk allow-pass vlan 1
```

② 交换机 AS-2 的配置。

```
[Huawei]sysname AS-2
[AS-2]vlan batch 30 40
//进入组端口，将 Ethernet 0/0/1~Ethernet 0/0/10 接口划入 VLAN30
[AS-2]port-group vlan 30
[AS-2-port-group-vlan30]group-member e0/0/1 to e0/0/10
[AS-2-port-group-vlan30]port link-type access
[AS-2-port-group-vlan30]port default vlan 30
//进入组端口，将 Ethernet 0/0/11~Ethernet 0/0/20 接口划入 VLAN40
[AS-2]port-group vlan 40
[AS-2-port-group-vlan40]group-member e0/0/11 to e0/0/20
[AS-2-port-group-vlan40]port link-type access
[AS-2-port-group-vlan40]port default vlan 40
//配置 Trunk 链路
[AS-2]int G0/0/1
[AS-2-G0/0/1]port link-type trunk
```

---

① 本书中使用 G 表示 GigabitEthernet。

```
[AS-2-G0/0/1]port trunk allow-pass vlan 30 40
[AS-2-G0/0/1]undo port trunk allow-pass vlan 1
```

（2）在汇聚层交换机 DS 上规划 VLAN，并配置虚拟接口。

```
[DS]vlan batch 10 20 30 40 199
//配置 Trunk 接口
[DS]interface G0/0/1
[DS-G0/0/0]port link-type trunk
[DS-G0/0/0]port trunk allow-pass vlan 2 to 4094
[DS]interface G0/0/2
[DS-G0/0/1]port link-type trunk
[DS-G0/0/1]port trunk allow-pass vlan 2 to 4094
//配置 GE 0/0/3 接口
[DS]interface G0/0/3
[DS-G0/0/2]port link-type ACCESS
[DS-G0/0/2]port default vlan 199
//配置虚拟接口
[DS]interface vlanif 10
[DS-vlanif10]ip address 192.168.10.254 255.255.255.0
[DS]interface vlanif 20
[DS-vlanif10]ip address 192.168.20.254 255.255.255.0
[DS]interface vlanif 30
[DS-vlanif30]ip address 192.168.30.254 255.255.255.0
[DS]interface vlanif 40
[DS-vlanif40]ip address 192.168.40.254 255.255.255.0
[DS]interface vlanif 199
[DS-vlanif199]ip address 192.168.0.1 255.255.255.252
```

（3）在汇聚层交换机 DS 上规划部署 OSPFv2。

```
[DS]ospf 1 router-id 1.1.1.1
[DS-ospf-1]silent-interface vlanif10
[DS-ospf-1]silent-interface vlanif20
[DS-ospf-1]silent-interface vlanif30
[DS-ospf-1]silent-interface vlanif40
[DS-ospf-1]area 0.0.0.0
[DS-ospf-1-area-0.0.0.0]network 192.168.10.0 0.0.0.255
[DS-ospf-1-area-0.0.0.0]network 192.168.20.0 0.0.0.255
[DS-ospf-1-area-0.0.0.0]network 192.168.30.0 0.0.0.255
[DS-ospf-1-area-0.0.0.0]network 192.168.40.0 0.0.0.255
[DS-ospf-1-area-0.0.0.0]network 192.168.0.0 0.0.0.3
```

（4）在核心交换机 CS 上规划 VLAN，并配置虚拟接口。

```
[CS]vlan batch 199  299
//配置 Trunk 接口
[CS]interface G0/0/1
[CS-G0/0/1]port link-type ACCESS
[CS-G0/0/1]port deffault vlan 199
[CS]interface G0/0/2
[CS-G0/0/2]port ACCESS
```

```
[CS-G0/0/2]port deffault vlan 299
//配虚拟接口
[CS]interface vlanif 199
[CS-vlanif199]ip address 192.168.0.2  30
[CS]interface vlanif 299
[CS-vlanif299]ip address 202.1.2.2  30
```

（5）在核心交换机 CS 上规划部署 OSPFv2。

```
[CS]ospf 1 router-id 2.2.2.2
//将默认路由重发布到内网
[CS-ospf-1]default-route-advertise always
[CS-ospf-1]area 0.0.0.0
[CS-ospf-1-area-0.0.0.0]network 192.168.0.0 0.0.0.3
[CS-ospf-1-area-0.0.0.0]network 202.1.2.0 0.0.0.3
//配置默认路由到外网
[CS]ip route-static 0.0.0.0 0.0.0.0 202.1.2.1
```

（6）ISP 的配置。

```
[Huawei]sys
[Huawei]sysname ISP
[ISP]int g0/0/0
[ISP-GigabitEthernet0/0/0]ip add 172.16.2.1 24
[ISP-GigabitEthernet0/0/0]int g0/0/1
[ISP-GigabitEthernet0/0/1]ip add 202.1.2.1 30
[ISP-GigabitEthernet0/0/1]quit
[ISP]ip route
[ISP]ip route-static 0.0.0.0 0.0.0.0 202.1.2.2
```

3.2.4 项目测试

测试外网主机 PC5 与内网主机 PC1、PC3 的连通性，结果如图 3-6 所示。

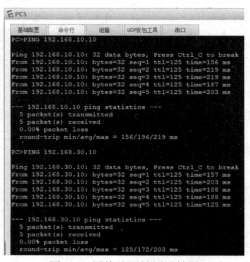

图 3-6 网络连通性测试结果

3.2.5 任务书

一、实训目的

（1）通过项目实践，掌握 OSPF、VLAN、VLAN 之间通信、静态路由的规划配置方法，理解 OSPF、VLAN、VLAN 之间通信、静态路由的工作原理及其综合应用。

（2）养成大局观和责任意识。

二、实训要求

某公司的网络拓扑结构如图 3-5 所示，VLAN 划分及地址分配分别如表 3-2 和表 3-3 所示，请完成以下部署与配置任务。

（1）在 eNSP 中构建网络环境，为网络设备和主机配置接口 IP 地址，并进行测试。

（2）在交换机 AS-1、AS-2 和汇聚层交换机 DS 上规划配置 VLAN。

（3）配置交换机 AS-1 与汇聚层交换机 DS、交换机 AS-2 与汇聚层交换机 DS 之间的 Trunk 链路。

（4）配置汇聚层交换机 DS 的虚拟接口，实现 VLAN10、VLAN20、VLAN30、VLAN40 之间的互通，配置汇聚层交换机 DS、核心交换机 CS 的 VLANIF 接口 IP 地址，实现设备之间的互通。

（5）在内网出口核心交换机 CS 及服务器代理商的路由器 ISP 上配置静态路由，实现内网与外网的互通。

（6）在汇聚层交换机 DS、核心交换机 CS 上部署 OSPF，并且在 CS 的 OSPF 中重发布到外网的静态路由，使得内网能够学习到外网的路由。

（7）测试网络的连通性。

三、评分标准

（1）网络拓扑结构布局简洁、美观，标注清晰。（20%）

（2）VLAN、OSPF、静态路由规划部署正确。（70%）

（3）测试正确，内网主机之间能够互通、内网主机与外网主机之间能够互通。（10%）

四、设备配置截图

五、测试结果截图

六、教师评语

实验成绩：   教师：

习题 3

一、单选题

1．OSPF 协议采用（   ）作为计算路径的度量值。

A．跳数   B．开销   C．可靠性   D．延迟

2．在 OSPF 的邻居状态中，（   ）表示稳定状态。

A．Init   B．Exstart   C．Full   D．Exchange

3．在选举 DR/BDR 时，如果 DR 的优先级相等，那么设备之间会相互比较它们的（   ）来决定 DR 选举的结果。

A．Router ID   B．接口 IP 地址

C．接口 MAC 地址   D．OSPF 进程号

4．在使用 network 命令把接口（IP 地址为 10.0.8.10/24）加入 OSPF 进程 100 的区域 1 时，（   ）命令是正确的。

A．[AR1-ospf-100-area-0.0.0.0]network 10.0.8.10 255.255.255. 0

B．[AR1-ospf-100-area-0.0.0.0]network 10.0.8.10 0.0.0.0

C．[AR1-ospf-100-area-0.0.0.1]network 10.0.8.10 255.255.255.0

D．[AR1-ospf-100-area-0.0.0.1]network 10.0.8.0 0.0.0.255

5．路由器使用（   ）命令来启用 OSPF 协议。

A．OSPF   B．RIP

C．Route   D．IP Address

6．在 OSPF 虚链路配置命令"vlink-peer"后面需要指明的参数是（　　）。

A．对端路由器参与 OSPF 进程的物理接口 IP 地址

B．对端路由器参与 OPSF 进程的环回接口 IP 地址

C．对端路由器的 ID

D．以上均不正确

二、问答题

OSPF 动态路由的基本工作过程是什么？

使用 RIP 部署网络

项目 **4**

党的二十大报告指出："必须坚持系统观念。万事万物是相互联系、相互依存的。只有用普遍联系的、全面系统的、发展变化的观点观察事物，才能把握事物发展规律。"

知识目标

（1）了解 RIP 的发展历史及应用。

（2）掌握 RIP 的工作原理。

（3）掌握使用 RIP 实现网络互通的方法。

能力目标

（1）具有规划设计 RIP 的能力。

（2）具有部署实施 RIP 的能力。

素质目标

（1）树立终身学习的理念和培养终身学习的习惯。

（2）培养严谨细致的工作作风。

（3）增强全局意识和责任意识。

任务 4.1　使用 RIP 部署简单网络

4.1.1　RIP 的工作原理

RIP 是一种内部网关协议（Interior Gateway Protocol，IGP），也是一种动态路由选择协议，用于传递自治系统（Autonomous System，AS）内的路由信息。RIP 通过 UDP（User Datagram Protocol，用户数据报协议）数据包交换路由信息，端口号为 520。它共有以下 3 个版本。

1988 年 6 月，正式发布的 RFC 1058 定义了 RIP 的第 1 版，即 RIPv1。

1994 年，正式发布的 RFC 1723 定义了 RIP 增强版，即 RIPv2。

1997 年，正式发布的 RFC 2080 定义了支持 IPv6 的 RIP，即 RIPng。

RIP 基于距离矢量算法，使用"跳数"（Metric）来衡量到达目标地址的路由距离。该跳数值越小越好。路由器只与自己相邻的路由器交换路由信息，范围限制在 15 跳之内，超过 15 跳路由将不可达。

启用 RIP 的路由器，会向邻居路由器发送自己完整的路由表信息。当邻居路由器收到路由表之后，将逐条进行查看。如果收到的路由条目在自己的路由表中存在，并且其度量值小于自己路由表中的路由条目，则直接将其度量值加 1 之后插入路由表；如其度量值大于或等于自己路由表中的路由条目，则保留路由表中原有的路由条目；如果收到的路由条目在自己的路由表中不存在，则将其度量值加 1 之后直接插入路由表。路由器从邻居路由器收到路由更新消息后，使用以下两条规则来决定路由条目的前缀。

第一条：如果接收接口的 IP 地址与目标网络的 IP 地址属于同一个主类网络，但属于不同的子网，则使用该路由器在接收接口上的子网掩码作为该目标网络的子网掩码。

第二条：如果接收接口的 IP 地址与目标网络的 IP 地址属于不同的主类网络，则使用路由器默认的、基于类别的子网掩码作为该目标网络的子网掩码。

RIPv2 的规划要点如下。

（1）确定哪些与该路由器直接相连的网络需要参与到 RIPv2 的路由更新中。

（2）根据需要将某些接口设置为 silent 接口，以减少不必要的网络开销，提高安全性。

（3）判断是否存在不连续的子网，若存在，则需要在边界路由器上禁用自动汇总功能，以防止丢失子网路由的更新信息。

（4）根据安全需要配置路由认证，以增加路由更新的安全性。

RIPv2 的配置分为以下几步。

（1）启用 RIPv2 进程，并执行"rip id"命令。

（2）指定版本，并执行"version 2"命令。

（3）指定哪些与路由器直接相连的网络需要参与到 RIPv2 的路由更新中，并执行"network 网络号"命令。

（4）根据网络实际情况，决定是否需要配置被动接口，并执行"silent-interface 接口"命令。

（5）根据需要，发布默认路由，并执行"default-route originate"命令。

（6）如果存在连续的子网，则进行手动汇总，并执行"rip summary-address 汇总后的网络

号 掩码"命令。

（7）根据需要配置路由认证。

（8）查看路由表，并执行"display ip routing-table"命令。

其中，步骤（5）～步骤（7）为可选操作。

4.1.2　项目背景

某公司的网络拓扑结构如图 4-1 所示，路由器 R2 和 R3 连接两个用户端子网，并通过路由器 R1 接入因特网，地址分配如表 4-1 所示。请通过规划配置 RIPv2 实现全网互通，并进行测试。

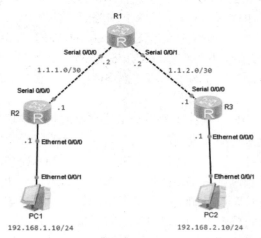

图 4-1　网络拓扑结构

表 4-1　地址分配

设备名	对应接口	IP 地址	对端设备及接口
R1	Serial 0/0/0	1.1.1.2/30	R2 Serial 0/0/0
	Serial 0/0/1	1.1.2.2/30	R3 Serial 0/0/0
R2	Serial 0/0/0	1.1.1.1/30	R1 Serial 0/0/0
	Ethernet 0/0/0	192.168.1.1/24	PC1 Ethernet 0/0/1
R3	Serial 0/0/0	1.1.1.1/30	R1 Serial 0/0/1
	Ethernet 0/0/0	192.168.2.1/24	PC2 Ethernet 0/0/1
PC1	Ethernet 0/0/1	192.168.1.10/24	R2 Ethernet 0/0/0
PC2	Ethernet 0/0/1	192.168.2.10/24	R3 Ethernet 0/0/0

4.1.3　项目规划设计

根据该公司的组网需求可知，本项目需要通过规划 RIPv2 实现全网互通。通过对如图 4-1 所示的网络拓扑结构进行分析可知，该公司有两个内网用户网段，即 192.168.1.0/24 和 192.168.2.0/24，有两个与出口路由器相连的设备间网段，即 1.1.1.0/30 和 1.1.2.0/30。因此，基于 RIPv2 的规划如下。

（1）启用 RIP 进程，并指定其为 RIPv2。

（2）指定需要参与路由更新的网络，包含两个内网用户网段和两个设备间的网段。

（3）由于 192.168.1.0/24 和 192.168.2.0/24 网段为内网用户网段，同时为了节省网络开销，提高网络的安全性，需要将路由器 R2 和 R3 的 Ethernet 0/0/0 接口配置为 silent 接口。

4.1.4　项目部署实施

（1）规划配置主机及各路由器的接口 IP 地址，并进行验证（略）。

（2）路由器 R1 的 RIP 配置如下。

```
[R1]rip 1
[R1-rip-1]version 2
[R1-rip-1]network 1.0.0.0
```

（3）路由器 R2 的 RIP 配置如下。

```
[R2]rip 1
[R2-rip-1]version 2
[R2-rip-1]network 192.168.1.0
[R2-rip-1]network 1.0.0.0
[R2-rip-1]silent-interface e0/0/0
```

（4）路由器 R3 的 RIP 配置如下。

```
[R3]rip 1
[R3-rip-1]version 2
[R3-rip-1]network 192.168.2.0
[R3-rip-1]network 1.0.0.0
[R3-rip-1]silent-interface e0/0/0
```

4.1.5　项目测试

（1）使用"display rip 1"命令（在图 4-2 中，此命令为简写形式）查看 RIP 进程信息是否正确，结果如图 4-2 所示。

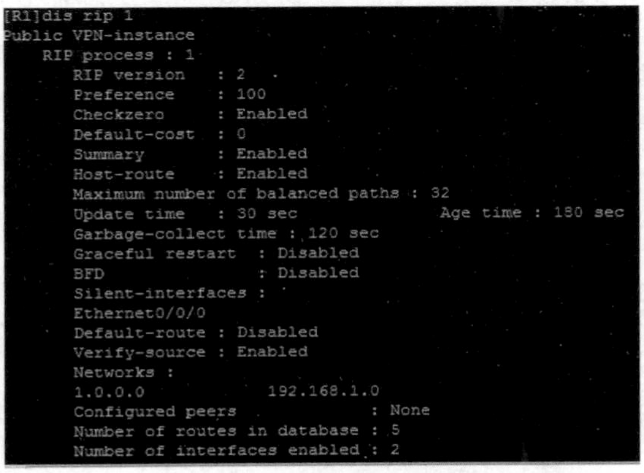

图 4-2　RIP 进程信息

（2）使用"display ip routing-table"命令查看路由表信息是否正确，结果如图 4-3 所示。

```
[R1]display ip routing-table
Route Flags: R - relay, D - download to fib
------------------------------------------------------------------
Routing Tables: Public
        Destinations : 9       Routes : 9

Destination/Mask    Proto   Pre  Cost     Flags NextHop      Interface

        1.1.1.0/30  Direct  0    0          D   1.1.1.1      Serial0/0/0
        1.1.1.1/32  Direct  0    0          D   127.0.0.1    Serial0/0/0
        1.1.1.2/32  Direct  0    0          D   1.1.1.2      Serial0/0/0
        1.1.2.0/30  RIP     100  1          D   1.1.1.2      Serial0/0/0
      127.0.0.0/8   Direct  0    0          D   127.0.0.1    InLoopBack0
      127.0.0.1/32  Direct  0    0          D   127.0.0.1    InLoopBack0
    192.168.1.0/24  Direct  0    0          D   192.168.1.1  Ethernet0/0/0
    192.168.1.1/32  Direct  0    0          D   127.0.0.1    Ethernet0/0/0
    192.168.2.0/24  RIP     100  2          D   1.1.1.2      Serial0/0/0
```

图 4-3　路由表信息

（3）测试网络的连通性。测试 PC2 与 PC1 是否可以互通，结果如图 4-4 所示。

```
PC>ping 192.168.1.10

Ping 192.168.1.10: 32 data bytes, Press Ctrl_C to break
From 192.168.1.10: bytes=32 seq=1 ttl=125 time=93 ms
From 192.168.1.10: bytes=32 seq=2 ttl=125 time=62 ms
From 192.168.1.10: bytes=32 seq=3 ttl=125 time=110 ms
From 192.168.1.10: bytes=32 seq=4 ttl=125 time=78 ms
From 192.168.1.10: bytes=32 seq=5 ttl=125 time=94 ms

--- 192.168.1.10 ping statistics ---
  5 packet(s) transmitted
  5 packet(s) received
  0.00% packet loss
  round-trip min/avg/max = 62/87/110 ms
```

图 4-4　测试网络的连通性

4.1.6　任务书

一、实训目的

（1）通过项目实践，掌握 RIP 的规划配置方法，理解 RIP 的工作原理。

（2）养成团结协作的精神。

二、实训要求

某公司的网络拓扑结构如图 4-1 所示，地址分配如表 4-1 所示，根据项目需求，请完成以下部署实施任务。

（1）在 eNSP 中构建网络环境，为网络设备和主机配置接口 IP 地址，并进行测试。

（2）为路由器 R1、R2、R3 规划配置 RIPv2。

（3）测试 PC1 与 PC2 的连通性。

三、评分标准

（1）网络拓扑结构布局简洁、美观，标注清晰。（20%）

（2）RIP 规划配置正确。（60%）

（3）测试正确，PC1 与 PC2 可以互通。（20%）

四、设备配置截图

五、测试结果截图

六、教师评语

实验成绩：　　　　　　　　　　　　　　　教师：

任务 4.2　使用 RIP 部署较复杂网络

使用 RIP 部署
较复杂网络

4.2.1　项目背景

　　某公司的网络拓扑结构如图 4-5 所示；内网路由器 R1 下连接了两台交换机 LSW1 和 LSW2；交换机 LSW1 下划分了两个虚拟局域网，分别为 VLAN10 和 VLAN20；交换机 LSW2 下划分了两个 VLAN，分别为 VLAN30 和 VLAN40；内网通过出口路由器 R4 接入外网；VLAN 划分及地址分配分别如表 4-2 和表 4-3 所示；内网采用 RIPv2 实现互通。

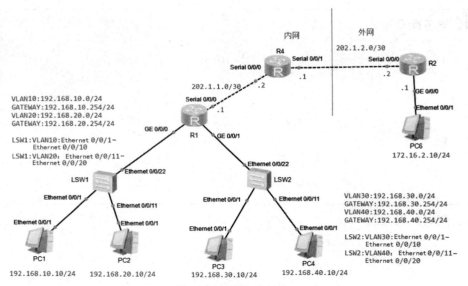

图 4-5　网络拓扑结构

表 4-2　VLAN 划分

设备名	VLANID	对应接口	网段	网关地址
LSW1	10	Ethernet 0/0/1～Ethernet 0/0/10	192.168.10.0/24	192.168.10.254/24
LSW1	20	Ethernet 0/0/11～Ethernet 0/0/20	192.168.20.0/24	192.168.20.254/24
LSW2	30	Ethernet 0/0/1～Ethernet 0/0/10	192.168.30.0/24	192.168.30.254/24
LSW2	40	Ethernet 0/0/11～Ethernet 0/0/20	192.168.40.0/24	192.168.40.254/24

表 4-3　地址分配

设备名	对应接口	IP 地址	对端设备及接口
R1	Serial 0/0/0	202.1.1.1/30	R4 Serial 0/0/0
R4	Serial 0/0/0	202.1.1.2/30	R1 Serial 0/0/0
	Serial 0/0/1	202.1.2.1/30	R2 Serial 0/0/0
R2	Serial 0/0/0	202.1.2.2/30	R4 Serial 0/0/1
	GE 0/0/0	172.16.2.1/24	PC6 Ethernet 0/0/1
PC1	Ethernet 0/0/1	192.168.10.10/24	LSW1 Ethernet 0/0/1
PC2	Ethernet 0/0/1	192.168.20.10/24	LSW1 Ethernet 0/0/11
PC3	Ethernet 0/0/1	192.168.30.10/24	LSW2 Ethernet 0/0/1
PC4	Ethernet 0/0/1	192.168.40.10/24	LSW2 Ethernet 0/0/11
PC6	Ethernet 0/0/1	172.16.2.10/24	R2 GE 0/0/0

4.2.2　项目规划设计

　　根据该公司的组网需求可知，首先需要在交换机 LSW1 上创建 VLAN10 和 VLAN20，并划分 VLAN，在交换机 LSW2 上创建 VLAN30 和 VLAN40，并划分 VLAN。LSW1 和 LSW2 下的 4 个 VLAN 通过路由器 R1 实现互通，这是典型的单臂路由，即 R1 的 GE 0/0/0 和 GE 0/0/1 接口都需要创建逻辑子接口。在路由器 R1 上规划 RIPv2，参与路由更新的网络为各直连用户网段，即 VLAN10、VLAN20、VLAN30、VLAN40 对应的网络，以及 R1 与 R4 相连的网络 202.1.1.0/30；GE 0/0/0 和 GE 0/0/1 接口为 silent 接口。在出口路由器 R4 上规划 RIPv2，参与更新的网络为 202.1.1.0/30 和 202.1.2.0/30。由于内网需要与外网互通，因此需要在出口路由器 R4 上配置一条默认路由到外网，同时在外网连接内网的路由器 R2 上配置一条默认路由到内网。该项目的具体规划实施步骤如下。

（1）在交换机 LSW1 和 LSW2 上规划部署 VLAN，其中与路由器 R1 相连的接口均为 Trunk 接口。

（2）在路由器 R1 上规划部署单臂路由，以实现 VLAN 之间的互通。

（3）配置路由器 R1 的 Serial 0/0/0 接口 IP 地址及路由器 R4、R2 的接口 IP 地址。

（4）在出口路由器 R4 上规划配置默认路由，以实现内网接入外网。

（5）在路由器 R1 和 R4 上规划部署 RIPv2，以实现内网互通；在出口路由器 R4 上将接入外网的默认路由重发布到 RIP 中，以便内网路由器 R1 学习到外网的路由。

（6）在路由器 R2 上规划配置默认路由，以实现外网能够访问内网。

（7）测试网络的连通性。

4.2.3　项目部署实施

（1）在交换机 LSW1 和 LSW2 上规划部署 VLAN，以实现 VLAN 之间的互通。

① 交换机 LSW1 的配置。

```
[Huawei]sysname LSW1
[LSW1]vlan batch 10 20
//进入组端口，将 Ethernet 0/0/1～Ethernet 0/0/10 接口划入 VLAN10
[LSW1]port-group vlan 10
[LSW1-port-group-vlan10]group-member e0/0/1 to e0/0/10
[LSW1-port-group-vlan10]port link-type access
[LSW1-port-group-vlan10]port default vlan 10
//进入组端口，将 Ethernet 0/0/11～Ethernet 0/0/20 接口划入 VLAN20
[LSW1]port-group vlan 20
[LSW1-port-group-vlan20]group-member e0/0/11 to e0/0/20
[LSW1-port-group-vlan20]port link-type access
[LSW1-port-group-vlan20]port default vlan 20
//配置 Trunk 链路
[LSW1]int e0/0/22
[LSW1-Ethernet0/0/22]port link-type trunk
[LSW1-Ethernet0/0/22]port trunk allow-pass vlan 10 20
[LSW1-Ethernet0/0/22]undo port trunk allow-pass vlan 1
```

② 交换机 LSW2 的配置。

```
[Huawei]sysname LSW2
[LSW2]vlan batch 30 40
//进入组端口，将 Ethernet 0/0/1～Ethernet 0/0/10 接口划入 VLAN30
[LSW2]port-group vlan 30
[LSW2-port-group-vlan30]group-member e0/0/1 to e0/0/10
```

```
[LSW2-port-group-vlan30]port link-type access
[LSW2-port-group-vlan30]port default vlan 30
//进入组端口，将 Ethernet 0/0/11~Ethernet 0/0/20 接口划入 VLAN40
[LSW2]port-group vlan 40
[LSW2-port-group-vlan40]group-member e0/0/11 to e0/0/20
[LSW2-port-group-vlan40]port link-type access
[LSW2-port-group-vlan40]port default vlan 40
//配置 Trunk 链路
[LSW2]int e0/0/22
[LSW2-Ethernet0/0/22]port link-type trunk
[LSW2-Ethernet0/0/22]port trunk allow-pass vlan 30 40
[LSW2-Ethernet0/0/22]undo port trunk allow-pass vlan 1
```

（2）在路由器 R1 上规划部署单臂路由，实现 R1 下 VLAN 之间的互通。

① 由于 GE 0/0/0 接口下划分了两个 VLAN，即 VLAN10 和 VLAN20，因此需要创建两个逻辑子接口，即 GE 0/0/0.10 和 GE 0/0/0.20，并配置这两个逻辑子接口，使其能与交换机 LSW1 下的两个 VLAN 互通。

```
//创建逻辑子接口 GE 0/0/0.10
[R1]interface GigabitEthernet0/0/0.10
//指定逻辑子接口为 VLAN10 提供服务
[R1-GigabitEthernet0/0/0.10]dot1q termination vid 10
//开启逻辑子接口的转发功能
[R1-GigabitEthernet0/0/0.10]arp broadcast enable
//配置逻辑子接口的 IP 地址
[R1-GigabitEthernet0/0/0.10]ip address 192.168.10.254 24

//创建逻辑子接口 GE 0/0/0.20
[R1]interface GigabitEthernet0/0/0.20
//指定逻辑子接口为 VLAN20 提供服务
[R1-GigabitEthernet0/0/0.20]dot1q termination vid 20
//开启逻辑子接口的转发功能
[R1-GigabitEthernet0/0/0.20]arp broadcast enable
//配置逻辑子接口的 IP 地址
[R1-GigabitEthernet0/0/0.20]ip address 192.168.20.254 24
```

② 由于 GE 0/0/1 接口下划分了两个 VLAN，即 VLAN30 和 VLAN40，因此需要创建两个逻辑子接口，即 GE 0/0/1.30 和 GE 0/0/1.40，并配置这两个逻辑子接口，使其能与交换机 LSW2 下的两个 VLAN 互通。

```
//创建逻辑子接口 GE 0/0/1.30
[R1]interface GigabitEthernet0/0/1.30
//指定逻辑子接口为 VLAN30 提供服务
[R1-GigabitEthernet0/0/1.30]dot1q termination vid 30
//开启逻辑子接口的转发功能
[R1-GigabitEthernet0/0/1.30]arp broadcast enable
//配置逻辑子接口 IP 的地址
[R1-GigabitEthernet0/0/1.30]ip address 192.168.30.254 24
```

```
//创建逻辑子接口 GE 0/0/1.40
[R1]interface GigabitEthernet0/0/1.40
//指定逻辑子接口为 VLAN40 提供服务
[R1-GigabitEthernet0/0/1.40]dot1q termination vid 40
//开启逻辑子接口的转发功能
[R1-GigabitEthernet0/0/1.40]arp broadcast enable
//配置逻辑子接口的 IP 地址
[R1-GigabitEthernet0/0/1.40]ip address 192.168.40.254 24
```

（3）在路由器 R1、R4 上规划部署 RIPv2。

```
[R1]rip 1
[R1-rip-1]version 2
[R1-rip-1]network 192.168.10.0
[R1-rip-1]network 192.168.20.0
[R1-rip-1]network 192.168.30.0
[R1-rip-1]network 192.168.40.0
[R1-rip-1]network 202.1.1.0
[R1-rip-1]silent-interface g0/0/0
[R1-rip-1]silent-interface g0/0/1

[R4]rip 1
[R4-rip-1]version 2
[R4-rip-1]network 202.1.1.0
[R4-rip-1]network 202.1.2.0
[R4-rip-1]default-route originate match default
```

（4）在路由器 R4 和 R2 上规划配置默认路由。

路由器 R4 的配置[①]：

```
[R4]int s0/0/0
[R4-Serial0/0/0]ip add 202.1.1.2 30
[R4-Serial0/0/0]int s0/0/1
[R4-Serial0/0/1]ip add 202.1.2.1 30
[R4-Serial0/0/1]quit
[R4]ip route-static 0.0.0.0 0.0.0.0 S0/0/1
```

路由器 R2 的配置：

```
[Huawei]sysname R2
[R2]int s0/0/0
[R2-Serial0/0/0]ip add 202.1.2.2  30
[R2-Serial0/0/0]quit
[R2]int g0/0/0
[R2-GigabitEthernet0/0/0]ip add 172.16.2.1 24
[R2-GigabitEthernet0/0/0]quit
[R2]ip route-static 0.0.0.0 0.0.0.0 202.1.2.1
```

---

① 本书中使用 s、S 表示 Serial。

4.2.4　项目测试

测试网络的连通性。在 PC6 上使用 ping 命令测试其与内网的连通性，结果如图 4-6 所示。

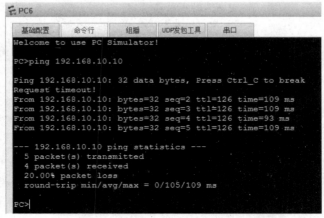

图 4-6　连通性测试结果

4.2.5　任务书

一、实训目的

（1）通过项目实践，掌握 RIP、VLAN、单臂路由、静态路由的规划配置方法，理解 RIP、VLAN、单臂路由、静态路由的工作原理及其综合应用。

（2）养成求真务实的工作作风。

二、实训要求

某公司的网络拓扑结构如图 4-5 所示，VLAN 划分及地址分配分别如表 4-2 和表 4-3 所示，请完成以下部署配置任务。

（1）在 eNSP 中构建网络环境，为网络设备和主机配置接口 IP 地址，并进行测试。

（2）在交换机 LSW1 和 LSW2 上规划配置 VLAN，其接口划分及地址分配分别如表 4-2 和表 4-3 所示。

（3）配置交换机 LSW1 与路由器 R1，以及交换机 LSW2 与路由器 R1 之间的 Trunk 链路。

（4）配置路由器 R1 的逻辑子接口，以实现 R1 下 VLAN 的互通。

（5）在路由器 R1、R4 上部署 RIPv2，以实现内网互通。

（6）在内网出口路由器 R4、外网路由器 R2 上配置静态路由，以实现内网与外网的互通。

（7）测试内网主机之间、内网与外网主机之间的连通性。

三、评分标准

（1）网络拓扑结构布局简洁、美观，标注清晰。（15%）

（2）规划部署正确。（70%）

（3）测试正确，内网主机之间能够互通、内网主机与外网主机之间能够互通。（15%）

四、设备配置截图

五、测试结果截图

六、教师评语

实验成绩：　　　　　　　　　　　　　　　　　教师：

习题 4

一、单选题

1. RIP 中规定最大度量值为（　　）。

A. 24 跳　　　　　　B. 15 跳　　　　　　C. 8 跳　　　　　　D. 无穷

2. 路由器使用（　　）命令来启用 RIP。

A. OSPF　　　　　　　　　　　　B. RIP

C. Route　　　　　　　　　　　　D. IP Address

3．RIP 采用（　　　）度量值来计算到目标网络的最佳路径。

A．跳数　　　　　　　B．带宽　　　　　　C．延迟　　　　　　D．可靠性

4．（　　　）路由协议不支持变长子网掩码。

A．RIPv1　　　　　　B．RIPv2　　　　　　C．OSPF　　　　　　D．BGP4

5．下面关于 RIP 的描述，正确的是（　　　）。

A．采用链路状态算法　　　　　　　　B．距离通常采用宽带来表示

C．向相邻路由器广播路由信息　　　　D．适用于特大型互联网

6．RIP 适用于基于 IP 协议的（　　　）。

A．大型网络　　　　　　　　　　　　B．中小型网络

C．更大规模的网络　　　　　　　　　D．ISP 与 ISP 之间

二、问答题

简述 RIPv2 的工作原理。

项目 5

网络设备基本管理

习近平总书记指出："没有网络安全就没有国家安全，没有信息化就没有现代化。"

知识目标

（1）了解登录网络设备的方式。

（2）掌握网络设备的远程安全管理配置方法。

能力目标

（1）具有对网络设备进行本地管理和维护的能力。

（2）具有对网络设备进行远程管理和维护的能力。

素质目标

（1）树立终身学习的理念和培养终身学习的习惯。

（2）培养严谨细致的工作作风。

（3）增强网络安全意识，培养爱国情怀。

任务　管理网络设备

5.1.1　网络设备的基本管理

网络设备基本
管理

1. 登录网络设备的方式

登录网络设备（如交换机、路由器等）的方式通常有以下几种，如图 5-1 所示。

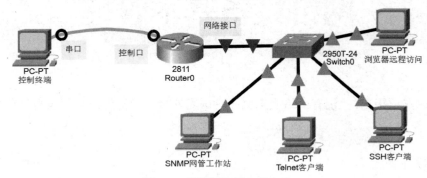

图 5-1　登录网络设备的方式

（1）通过控制口登录网络设备。这种方式通常用于对设备进行初始化配置，先使用 Console 线将网络设备的控制口与控制终端的 RS232 串口相连，再在控制终端打开超级终端软件，设置串行通信的 COM 口，以及设置通信速率为 9600bps、数据位为 8 位、停止位为 1 位，即可连接设备进行通信。在使用没有 COM 口的笔记本电脑进行连接时，需要一条 USB 转串口数据线或 USB 转控制口数据线。为了提高控制口的安全性，网络管理员可以为控制口配置登录密码。

（2）通过网络接口远程登录网络设备。根据使用的通信方式不同，这种方式分为通过 Telnet、SSH、浏览器和 SNMP 网管工作站登录网络设备。Telnet、SSH、SNMP 是 TCP/IP 模型中的应用层协议，需要远程主机与网络设备之间具有 IP 连通性。

① 通过 Telnet 登录网络设备。这种方式是指远程主机与网络设备之间采用 Telnet 协议进行通信，数据以明文形式进行传输，端口号为 23。在该方式下，网络设备作为 Telnet 服务端，需要开启 Telnet 服务，并配置可以进行 Telnet 登录的用户名和密码等信息，而远程主机则需要使用 Telnet 客户端进行连接。

② 通过 SSH 登录网络设备。这种方式是指远程主机与网络设备之间采用 SSH 协议进行通信，数据以加密形式进行传输，端口号为 22。在该方式下，网络设备作为 SSH 服务端，需要开启并配置 SSH 服务，配置可以进行 SSH 登录的用户名和密码等信息，而远程主机则需要使用 SSH 客户端进行连接。

③ 通过浏览器登录网络设备。这种方式是指远程主机与网络设备之间采用 HTTP 或 HTTPS 协议进行通信，端口号为 80 或 443。如果采用 HTTP 协议，则数据以明文形式进行传输；如果采用 HTTPS 协议，则数据以加密形式进行传输。此时，网络设备作为 Web 服务端，需要开启 Web 服务，而远程主机则直接使用浏览器进行登录。

④ 通过 SNMP 网管工作站登录网络设备。SNMP 定义了一种与网络设备交互的简单方法，被广泛应用于 TCP/IP 网络中的管理和监控网络设备。SNMP 网管工作站与被管网络设备之间通过 SNMP 协议进行通信，需要在工作站和被管网络设备上做相应的配置才能进行通信。

2．静态路由

路由器或具有路由功能的网络设备负责将数据包转发到正确的目的地，并在转发过程中选择最佳路径。路由器转发数据的依据就是路由表。路由表中存储着指向特定网络地址的路径及路径的路由度量值等信息。路由表中有直连网段路由信息和非直连网段（也被称为远程网络）路由信息。当路由器接口配置了 IP 地址，并且端口处于 UP 状态，会形成直连路由。远程网络路由信息可以通过手动配置获得静态路由，也可以通过动态路由协议生成动态路由。

静态路由是指通过手动方式为路由器配置路由信息，可以简单地让路由器获得到达目标网络的路由。静态路由具有配置简单、路由器资源负载小、可控性强等优点。通常，静态路由有以下 3 种典型应用场景。

（1）网络环境比较简单，网络管理员可以很清楚地了解网络拓扑结构。

（2）为了安全，希望隐藏网络中的一部分信息。

（3）用于访问末节网络。只有一条路径可以到达的网络被称为末节网络，也被称为孤岛网络。

默认路由也被称为缺省路由，是一种特殊的静态路由。默认路由给出了目的地址没有明确列在路由表中数据包所对应的路由。当路由器从当前路由表中找不到与数据包目标地址匹配的路由条目时，会把数据送至默认路由所指定的路由器接口或下一跳路由器。

默认路由、静态路由的规划过程如下。

（1）确定网络中的每台路由器是否需要配置默认路由。

（2）确定网络中的每台路由器需要对哪些远程目标网络使用静态路由进行选路。

（3）根据所掌握的网络信息，为目标网络选定最佳路径，以确定最佳路径是使用下一跳地址配置，还是使用本地路由器的转发出口。通常，如果出口是串行链路，则可以使用下一跳地址或本地路由器的出口来表示最佳路径；如果出口是以太网系列端口，则只能使用下一跳地址来表示最佳路径。另外，可以同时指定转发出口和下一跳地址。

3．Cisco 系列设备静态路由的配置

（1）关联下一跳 IP 地址的方式。

```
【router】ip route destination-prefix destination-prefix-mask  next-hop
[distance]
```

（2）关联出口的方式。

```
【router】ip route destination-prefix destination-prefix-mask interface
[distance]
```

（3）关联出口和下一跳 IP 地址的方式。

```
【router】ip route destination-prefix destination-prefix-mask interface [next-
hop] [distance]
```

5.1.2　项目背景

某公司的网络拓扑结构如图 5-2[①]所示，地址分配如表 5-1 所示（为了便于进行测试，本项目使用 Packet Tracer）。网络管理员为方便管理和安全起见，需要对核心和汇聚层交换设备进行本地和远程安全管理，并达到以下要求。

（1）网络管理员可以远程安全登录核心交换机 CS，禁止直接从控制口访问设备，在查看设备配置时需要进行口令认证。

（2）为汇聚层交换机和接入层交换机配置管理地址和管理账号，以实现 Telnet 登录。

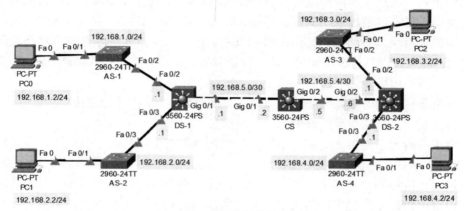

图 5-2　网络拓扑结构

表 5-1　地址分配

设备名	对应接口	IP 地址	对端设备及接口
CS	Gig 0/1	192.168.5.2/30	DS-1 Gig 0/1
	Gig 0/2	192.168.5.5/30	DS-2 Gig 0/2
DS-1	Gig 0/1	192.168.5.1/30	CS Gig 0/1
	Fa 0/2	192.168.1.1/24	AS-1 Fa 0/2
	Fa 0/3	192.168.2.1/24	AS-2 Fa 0/3
DS-2	Gig 0/2	192.168.5.6/30	CS Gig 0/2
	Fa 0/2	192.168.3.1/24	AS-3 Fa 0/2
	Fa 0/3	192.168.4.1/24	AS-4 Fa 0/3
PC0	Fa 0	192.168.1.2/24	AS-1 Fa 0/1
PC1	Fa 0	192.168.2.2/24	AS-2 Fa 0/1
PC2	Fa 0	192.168.3.2/24	AS-3 Fa 0/1
PC3	Fa 0	192.168.4.2/24	AS-4 Fa 0/1

5.1.3　项目规划设计

根据该公司的管理需求，可做如下规划。

（1）为核心交换机 CS 配置控制台密码、特权模式密码，并创建管理员账号，以实现

---

① 本书使用 Gig 表示 GigabitEthernet。

通过 0-5VTY 线路进行 SSH 登录。

（2）在汇聚层交换机 DS-1 上配置一个操作员账号，用户名为 opera、密码为 hello，以实现该账号通过 0-5VTY 线路进行 Telnet 登录。

（3）在接入层交换机 AS-1 上配置管理地址为 192.168.1.254/24，以实现通过 Telnet 登录管理。连接账号为 test，密码为 123456。

5.1.4　项目部署实施

（1）按照图 5-2 实现基础配置，包括更改主机名和 IP 地址的配置。

```
switch>enable
switch#configure terminal
switch(config)#hostname DS-1
DS-1(config)#int f0/2
DS-1(config-if)#no switchport
DS-1(config-if)#ip add 192.168.1.1 255.255.255.0
DS-1(config-if)#no shut
DS-1(config)#int f0/3
DS-1(config-if)#no switchport
DS-1(config-if)#ip add 192.168.2.1 255.255.255.0
DS-1(config-if)#no shut
DS-1(config)#int g0/1
DS-1(config-if)#no switchport
DS-1(config-if)#ip add 192.168.5.1 255.255.255.252
DS-1(config-if)#no shut

//核心交换机CS 的基础配置
switch>enable
switch#configure terminal
switch(config)#hostname CS
CS(config)#int  g0/1
CS(config-if)#no switchport
CS(config-if)#ip add 192.168.5.2 255.255.255.252
CS(config-if)#no shut
CS(config)#int  g0/2
CS(config-if)#no switchport
CS(config-if)#ip add 192.168.5.5  255.255.255.252
CS(config-if)#no shut

//汇聚层交换机 DS-2 的基础配置
switch>enable
switch#configure terminal
switch(config)#hostname DS-2
DS-2(config)#int f0/2
DS-2(config-if)#no switchport
DS-2(config-if)#ip add 192.168.3.1 255.255.255.0
```

```
DS-2(config-if)#no shut
DS-2(config)#int f0/3
DS-2(config-if)#no switchport
DS-2(config-if)#ip add 192.168.4.1 255.255.255.0
DS-2(config-if)#no shut
DS-2(config)#int g0/2
DS-2(config-if)#no switchport
DS-2(config-if)#ip add 192.168.5.6  255.255.255.252
DS-2(config-if)#no shut
```

（2）采用静态路由实现全网互通。

```
DS-1(config)#ip routing
DS-1(config)#ip route 192.168.5.8 255.255.255.252 192.168.5.2
DS-1(config)#ip route 192.168.3.0 255.255.255.0 192.168.5.2
DS-1(config)#ip route 192.168.4.0 255.255.255.0 192.168.5.2

DS-2(config)#ip routing
DS-2(config)#ip route 192.168.5.0 255.255.255.252 192.168.5.5
DS-2(config)#ip route 192.168.1.0 255.255.255.0 192.168.5.5
DS-2(config)#ip route 192.168.2.0 255.255.255.0 192.168.5.5

CS(config)#ip routing
CS(config)#ip route 192.168.1.0 255.255.255.0 192.168.5.1
CS(config)#ip route 192.168.2.0 255.255.255.0 192.168.5.1
CS(config)#ip route 192.168.3.0 255.255.255.0 192.168.5.6
CS(config)#ip route 192.168.4.0 255.255.255.0 192.168.5.6
```

（3）配置核心交换机 CS 的控制台连接密码为 cisco123。

```
CS(config)#line console 0
CS(config)#password cisco123
```

（4）配置核心交换机 CS 的特权模式密码为 cisco123，并采用 MD5 加密方式，特权级别为 15。

```
CS(config)#enable secret level 15 cisco123
```

（5）在核心交换机 CS 上配置一个管理员账号，用户名为 admin、密码为 cisco123，以实现通过 0-5VTY 线路进行远程 SSH 登录。

```
CS (config)#username admin password cisco123
CS (config)#enable secret cisco123
CS (config)# ip domain-name test.com
CS (config)#ip ssh version 2
CS (config)# crypto key generate rsa
CS (config)#line vty 0 5
CS (config)# transport input ssh
CS (config-line)#login local
```

（6）在汇聚层交换机 DS-1 上配置一个操作员账号，用户名为 opera、密码为 hello，以实现该账号通过 0-5VTY 线路进行 Telnet 登录。

```
DS-1(config)#username opera password hello
DS-1(config)#enable secret cisco123
DS-1(config)#line vty 0 5
DS-1(config-line)#login local
```

（7）配置接入层交换机 AS-1 的远程管理地址为 192.168.1.254/24，以实现 Telnet 登录管理。连接账号为 test，密码为 123456。

```
AS-1(config)#int  vlan 1
AS-1(config-if)#ip add 192.168.1.254 255.255.255.0
AS-1(config-if)#no shut
AS-1(config-if)#exit
AS-1(config)#ip default-gateway 192.168.1.1
AS-1(config)#enable secret cisco123
AS-1(config)#user
AS-1(config)#username test password 123456
AS-1(config)#line vty 0 4
AS-1(config-line)#login local
```

5.1.5　项目测试

打开任意 PC 控制台，进行测试。

（1）测试通过 SSH 登录核心交换机 CS。输入"ssh -l admin 192.168.5.2"命令（见图 5-3），并按"Enter"键，界面会提示输入密码，此时输入"cisco123"并按"Enter"键，登录核心交换机 CS。

图 5-3　输入"ssh -l admin 192.168.5.2"命令

（2）测试通过 Telnet 登录汇聚层交换机 DS-1。输入"telnet 192.168.1.1"命令并按"Enter"键，根据提示输入用户名"opera"、密码"hello"，结果如图 5-4 所示。

```
C:\>telnet 192.168.1.1
Trying 192.168.1.1 ...Open

User Access Verification

Username: opera
Password:
% Login invalid

Username: opera
Password:
DS-1>
```

图 5-4　通过 Telnet 登录汇聚层交换机 DS-1 结果

（3）测试通过 Telnet 登录接入层交换机 AS-1。输入"telnet 192.168.1.254"命令并按"Enter"键，根据提示输入用户名"test"、密码"123456"，结果如图 5-5 所示。

```
C:\>telnet 192.168.1.254
Trying 192.168.1.254 ...Open

User Access Verification

Username: test

Password:
AS-1>
```

图 5-5　通过 Telnet 登录接入层交换机 AS-1 结果

5.1.6　任务书

一、实训目的

（1）通过项目实践，掌握网络设备（如路由器、交换机）的远程安全管理配置方法。

（2）树立网络安全意识，培养爱国情怀。

二、实训要求

某公司的网络拓扑结构如图 5-2 所示，请完成以下配置任务。

（1）在 Packet Tracer 中构建网络环境，为网络设备和主机配置接口 IP 地址，并进行测试。

（2）在汇聚层交换机 DS-1 和 DS-2、核心交换机 CS 上规划配置静态路由，以实现内网互通。

（3）配置核心交换机 CS 的控制台连接密码为 cisco123。

（4）配置核心交换机 CS 的特权模式密码为 cisco123，采用 MD5 加密方式，特权级别为 15。

（5）在汇聚层交换机 DS-1 上配置一个操作员账号，用户名为 opera、密码为 hello，以实现通过 0-5VTY 线路进行 Telnet 登录。

（6）配置接入层交换机 AS-1 的远程管理地址为 192.168.1.254/24，以实现 Telnet 登录管理。连接账号为 test，密码为 123456。

（7）在任意 PC 上使用配置的用户名和密码测试是否可以远程登录交换机 DS-1、DS-2、CS 和 AS-1。

三、评分标准

（1）网络拓扑结构布局简洁、美观，标注清晰。（20%）

（2）设备配置正确、完整。（60%）

（3）测试正确，在任意 PC 上使用配置的用户名和密码均可以远程登录交换机 DS-1、DS-2、CS 和 AS-1，并查看这些设备的配置。（20%）

四、设备配置截图

五、测试结果截图

六、教师评语

实验成绩：　　　　　　　　　　　　　　教师：

习题 5

一、单选题

1. 在通过控制口配置路由器时，终端仿真程序的正确设置是（　　）。

A. 19200bps、8 位数据位、1 位停止位、无校验和无流控

B. 9600bps、8 位数据位、1 位停止位、偶校验和硬件流控

C. 9600bps、8 位数据位、1 位停止位、无校验和无流控

D. 4800bps、8 位数据位、1 位停止位、奇校验和无流控

2. 当对路由器进行初始化配置时，应使用（　　）访问路由器方法。

A. Telnet　　　　　B. SSH　　　　　C. SNMP 登录　　　D. 控制口

3. 网络管理员只有在（　　）视图下才能为路由器修改设备名称。

A. User-view　　　B. Protocol-view　　C. System-view　　D. Interface-view

4. 当网络管理员通过 ping 命令测试网络连通性时，使用（　　）协议。

A. UDP　　　　　B. TCP　　　　　C. Telnet　　　　D. ICMP

5. （　　）给出了目的地址没有明确列在路由表中的数据包所对应的路由器转发接口或下一跳信息。

A. 静态路由　　　B. 浮动路由　　　C. 动态路由　　　D. 默认路由

6. 下列有关静态路由的说法，错误的是（　　）。

A. 静态路由是指网络管理员手动配置在路由器上的路由

B. 静态路由的路由优先级值为 60，网络管理员可以调整这个默认值

C. 路由器可以同时使用路由优先级相同的静态路由

D. 路由器可以同时使用路由优先级不同的静态路由

二、问答题

1. 登录网络设备的方式有哪些？

2. 静态路由的主要应用场景有哪些？

项目 *6*

限制虚拟终端访问

《中华人民共和国网络安全法》第二十七条 任何个人和组织不得从事非法侵入他人网络、干扰他人网络正常功能、窃取网络数据等危害网络安全的活动；不得提供专门用于从事侵入网络、干扰网络正常功能及防护措施、窃取网络数据等危害网络安全活动的程序、工具；明知他人从事危害网络安全的活动的，不得为其提供技术支持、广告推广、支付结算等帮助。

知识目标

（1）了解远程管理网络设备的方法。
（2）掌握限制虚拟终端访问网络设备的方法。

能力目标

具有限制虚拟终端，实现对网络设备进行安全管理的能力。

素质目标

（1）树立终身学习的理念和培养终身学习的习惯。
（2）培养严谨细致的工作作风。
（3）增强网络安全意识，培养爱国情怀。

任务 使用安全技术加固远程访问

6.1.1 虚拟终端限制的技术原理

项目 5 主要介绍了简单的网络设备管理方法。如果攻击者通过某些途径获得了网络管理员管理设备的账号，他们就可以采用简单的密码爆破方式来爆破密码，尝试从远程主机登录设备，从而达到其目的。为了防范这种攻击，网络管理员可以对网络设备做一些安全加固，如限制只有特定的管理员主机才能登录设备，限制在规定时间内只能尝试有限次的密码输入，如果超过次数就禁止登录，并静默一段时间。但是，为了应对突发事件，超级网络管理员在静默期内仍然可以从特定主机登录网络设备进行管理操作。

此外，为了适应不同网络管理员对设备的管理操作功能的差异，可以创建多个管理员账号，为管理员账号设置不同的权限级别，分配其所需要的权限，这样可以保证各个网络管理员在自己的权限范围内进行需要的操作，禁止超出权限范围的操作。

6.1.2 项目背景

某公司的网络拓扑结构及地址分配如图 6-1 所示，网络管理员想在家里或出差时仍能对公司的设备进行安全管理，但设有多个网络管理员，并且每个人的职责不同。如果你是超级网络管理员该如何处理？

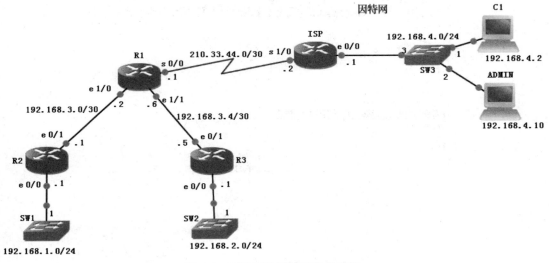

图 6-1 网络拓扑结构及地址分配

6.1.3 项目规划设计

根据该公司的网络管理需求，超级网络管理员首先需要对网络设备配置本地管理密码，为每位网络管理员创建一个账号并设置远程登录密码，然后根据各网络管理员的职责赋予其不同的远程登录权限，并且限制远程登录主机的 IP 地址，具体规划包括以下几点。

（1）为出口路由器 R1 设置特权模式密码，并将配置文件中的所有密码进行加密处理。

（2）在出口路由器 R1 上配置一个账号，用户名为 xxgc、密码为 xxgc123，权限级别为 15，实现在 0-15VTY 线路上进行 SSH 登录；配置域名为 xxgc.com，RSA 密钥块长度为 1024，使用 SSH2；配置 SSH 超时间隔为 60s，登录次数为 3 次。如果在 60s 内 3 次登录失败，则在接下来 120s 的静默期内禁止其他用户登录，但是允许超级网络管理员主机 192.168.4.10 远程登录，并记录登录日志信息。

（3）进行测试。

6.1.4 项目部署实施

根据规划设计，具体实现过程如下。

（1）按图 6-1 配置设备的 IP 地址（略）。

（2）设置 VMware 中的虚拟机 Windows 7 与 GNS3 中的 C1 相连，并设置"网络适配器"为"自定义（VMnet1）"，选中"网络连接"选区下的"自定义"单选按钮并将其设置为"VMnet1（仅主机模式）"；在 GNS3 中，设置 C1 的 NIO Ethernet 属性为 VMnet1，如图 6-2 和图 6-3 所示。

图 6-2　设置虚拟机网络适配器 1

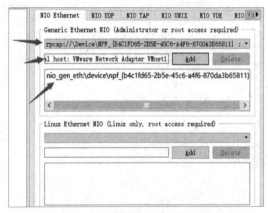

图 6-3　设置与 VMnet1 相连的网卡

（3）设置虚拟机 Windows Server 2008 与 GNS3 中的 ADMIN 相连，并设置"网络适配器"为"自定义（VMnet2）"，选中"网络连接"选区下的"自定义"单选按钮，并将其设置为"VMnet2（仅主机模式）"；在 GNS3 中，设置 ADMIN 的 NIO Ethernet 属性为 VMnet2，如图 6-4 和图 6-5 所示。

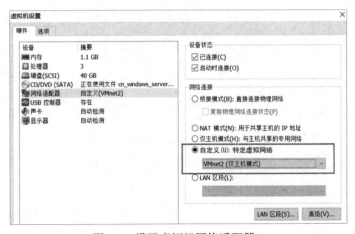

图 6-4　设置虚拟机网络适配器 2

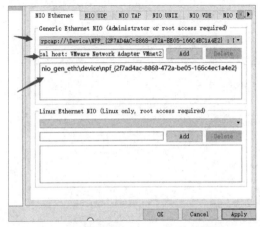

图 6-5　设置与 VMnet2 相连的网卡

（4）采用 RIPv2 动态路由实现内网全网互通，对出口路由器 R1 配置文件中的所有密码进行加密，并在 R1 上配置最小密码长度为 6 位。

```
R2(config)#router rip
R2(config-router)#version 2
R2(config-router)#network 192.168.1.0
R2(config-router)#network 192.168.3.0
R2(config-router)#passive-interface e0/0

R3(config)#router rip
R3(config-router)#version 2
R3(config-router)#network 192.168.2.0
R3(config-router)#network 192.168.3.4
R3(config-router)#passive-interface e0/0

R1(config)#service password-encryption
R1(config)#security passwords min-length 6
R1(config)#router rip
R1(config-router)#version 2
R1(config-router)#network 192.168.3.0
R1(config-router)#network 192.168.3.4
R1(config-router)#network 210.33.44.0
R1(config-router)#default-information originate
R1(config)#ip route 0.0.0.0 0.0.0.0 s0/0

ISP(config)#ip route 0.0.0.0 0.0.0.0 210.33.44.1
```

（5）配置出口路由器 R1 的特权模式密码为 cisco123，权限级别为 15。

```
R1(config)#enable secret level 15 cisco123
```

（6）在出口路由器 R1 上配置一个账号，用户名为 xxgc、密码为 xxgc123，权限级别为 15，实现在 0-15VTY 线路上进行 SSH 登录；配置域名为 xxgc.com，RSA 密钥块长度为 1024，使用 SSH2；配置 SSH 超时间隔为 60s，登录次数为 3 次。如果在 60s 内 3 次登录失败，则在接下来 120s 的静默期内禁止其他用户登录，但是允许超级网络管理员主机 192.168.4.10 远程登录，记录登录日志信息，并进行测试。

```
R1(config) #ip domain-name xxgc.com
R1(config)#crypto key generate rsa
R1(config)#username xxgc privilege 15 secret xxgc123
R1(config)#line vty 0 15
R1(config-line)#login local
R1(config-line)#transport input ssh
R1(config-line)#exit
R1(config)#ip ssh version 2
R1(config)#ip ssh time-out 60
R1(config)#ip ssh authentication-retries 3
R1(config)#login block-for 120 attempts 3 within 60
R1(config)#ip access-list standard PERMIT-ADMIN
```

```
R1(config-std-nacl)#remark permit only administrative hosts
R1(config-std-nacl)#permit 192.168.4.10
R1(config-std-nacl)#exit

R1(config)#login quiet-mode access-class PERMIT-ADMIN
R1(config)#login delay 10
R1(config)#login on-success log
R1(config)#login on-failure log
```

6.1.5 项目测试

（1）在 C1 上打开超级终端 SecureCRT，单击工具栏中的"快速连接"按钮，打开"快速连接"对话框（见图 6-6），将"协议"设置为"SSH2"，"主机名"设置为"192.168.3.2"，"端口"设置为"22"，"用户名"设置为"xxgc"，单击"连接"按钮，打开"输入安全外壳密码"对话框（见图 6-7），输入 3 次错误密码，进入静默期，此时 C1 无法在 120s 内登录，如图 6-8 所示。

图 6-6 "快速连接"对话框

图 6-7 "输入安全外壳密码"对话框

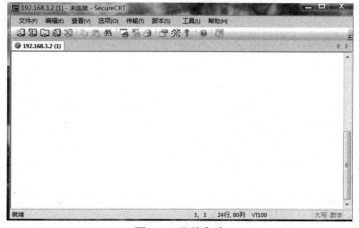

图 6-8 登录失败

（2）在 ADMIN 上打开超级终端 SecureCRT，使用与步骤（1）相同的方法通过出口路由器 R1 的 192.168.3.2 接口进行登录，如图 6-9 和图 6-10 所示。由图 6-10 可知，成功登录了出口路由器 R1，实现了超级网络管理员的登录。

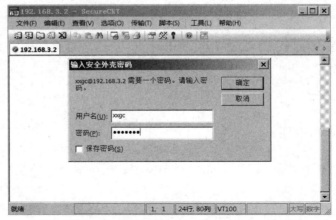

图 6-9　超级网络管理员进行登录

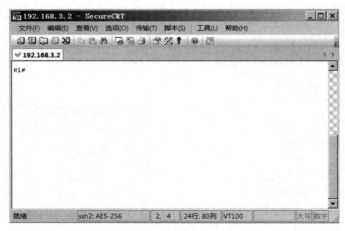

图 6-10　超级网络管理员登录成功

6.1.6　任务书

一、实训目的

（1）通过项目实践，掌握网络设备远程安全管理的规划配置方法，理解网络管理员通过网络从不同终端登录网络设备的工作原理及过程。

（2）培养法律意识，养成良好的职业道德。

二、实训要求

某公司的网络拓扑结构如图 6-1 所示，请完成以下配置任务。

（1）在 eNSP 中构建网络环境，为网络设备和主机配置接口 IP 地址，并进行验证。

（2）采用 RIPv2 实现内网全网互通，对出口路由器 R1 配置文件中的所有密码进行加密处理，并在 R1 上配置最小密码长度为 6 位。

（3）配置出口路由器 R1 的特权模式密码为 cisco123，权限级别为 15。

（4）在出口路由器 R1 上配置一个账号，用户名为 xxgc、密码为 xxgc123，权限级别为 15，实现在 0-15VTY 线路上进行 SSH 登录；配置域名为 xxgc.com，RSA 密钥块长度为 1024，使用 SSH2；配置 SSH 超时间隔为 60s，登录次数为 3 次。如果在 60s 内 3 次登录失败，则在接下来 120s 的静默期内禁止其他用户登录，但是允许超级网络管理员主机 192.168.4.10 远程登录，并记录登录日志信息。

（5）测试远程登录。

三、评分标准

（1）网络拓扑结构布局简洁、美观，标注清晰。（15%）

（2）规划配置正确。（65%）

（3）测试正确，C1 输错密码 3 次会被锁定，同时超级网络管理员可以正常登录。（20%）

四、设备配置截图

五、测试结果截图

六、教师评语

实验成绩：　　　　　　　　　　　　　教师：

习题 6

一、单选题

1. 某公司网络管理员希望能够远程管理分支机构的网络设备，需要使用（　　）协议来实现。

A. CIDR　　　　　　B. RSTP　　　　　　C. Telnet　　　　　　D. VLSM

2. 华为设备可以使用 Telnet 协议进行管理。关于该管理功能，说法正确的是（　　）。

A. Telnet 默认使用的端口号是 22，不支持修改

B. Telnet 必须开启 VTY 接口，并且最大为 15

C. Telnet 不支持基于用户名和密码的认证

D. Telnet 不支持通过部署 ACL 来增加安全性

3. 远程登录命令包含（　　）。

A. telnet　ssh　　　B. http　telnet　　　C. https　ssh　　　D. ping　http

4. 关于 SNMP 协议，说法正确的是（　　）。

A. SNMP 协议采用组播的方式发送管理消息

B. SNMP 采用 UDP 作为传输层协议

C. SNMP 协议只支持在以太网链路上发送管理消息

D. SNMP 采用 ICMP 作为网络层协议

5. Telnet 的访问端口为（　　）。

A. 20　　　　　　　B. 21　　　　　　　C. 23　　　　　　　D. 80

6. SSH 的访问端口为（　　）。

A. 20　　　　　　　B. 21　　　　　　　C. 23　　　　　　　D. 22

二、问答题

Telnet 与 SSH 的区别是什么？

项目 7

规划配置 NAT 实现网络地址转换

《中华人民共和国网络安全法》第十七条 国家推进网络安全社会化服务体系建设，鼓励有关企业、机构开展网络安全认证、检测和风险评估等安全服务。

知识目标

（1）了解 NAT 的产生背景。
（2）理解 NAT 的工作原理。

能力目标

具有规划配置 NAT 的能力。

素质目标

（1）树立终身学习的理念和培养终身学习的习惯。
（2）培养严谨细致的工作作风。
（3）增强网络安全意识，培养爱国情怀。

任务 规划配置 NAT

规划配置 NAT
实现地址转换

7.1.1 NAT 的工作原理

NAT（Network Address Translation，网络地址转换）是一个 IETF（Internet Engineering Task

Force，因特网工程任务组）标准，允许机构在因特网上使用同一个公有 IP 地址。它是一种把内部私有网络地址转换成公有 IP 地址（也被称为全局 IP 地址）的技术，在一定程度上能够有效解决公有 IP 地址不足的问题，也是 IPv4 向 IPv6 过渡的一项重要技术。因特网分配编号委员会（IANA）保留了以下 3 段 IP 地址作为私有 IP 地址。

（1）10.0.0.0～10.255.255.255。

（2）172.16.0.0～172.31.255.255。

（3）192.168.0.0～192.168.255.255。

NAT 功能通常被集成到路由器、防火墙、出口网关或单独的 NAT 设备中。NAT 分为 3 种类型：静态 NAT、动态 NAT、NAPT。

（1）静态 NAT（Static NAT）是将私有 IP 地址固定转换为公有 IP 地址的一种技术，通常应用于允许外网用户访问内网服务器的场景。规划配置静态 NAT 的要点如下。

① 先进入连接公网的出口，再执行"nat static global 公有 IP 地址 inside 私有 IP 地址"命令。

② 先查看静态 NAT 的配置，再执行"display nat static"命令。

（2）动态 NAT（Pooled NAT）是一种将一个私有 IP 地址转换为一组公有 IP 地址池中某一个 IP 地址（公有 IP 地址）的技术。它为每个私有 IP 地址分配一个临时的公有 IP 地址，当用户断开外网访问时，该 IP 地址会被释放。动态 NAT 适用于当机构申请到的公有 IP 地址较少，而内部网络主机较多的场景。内网主机 IP 地址与公有 IP 地址是多对多的关系。规划配置动态 NAT 的要点如下。

① 先在出口网络设备上配置公有 IP 地址池，再执行"nat address-group 1 X.X.X.X-X.X.X.X"命令。

② 在出口网络设备上配置 ACL 规则，定义可用于映射公网的内网地址段，并执行"ALC id"和"rule permit source X.X.X.X 反掩码"命令。

③ 在出口网络设备上配置动态 NAT，将符合 ACL 规则的内网地址段自动映射到公有 IP 地址池中；进入连接公网的出口，并执行"nat outbound id address-group 1 no-pat"命令。

④ 先查看动态 NAT 的配置，再执行"display nat address-group 1"命令。

（3）NAPT（Network Address Port Translation，网络地址端口转换）是一种把私有 IP 地址映射到与外部网络的一个 IP 地址的不同端口上的技术。它以 IP 地址及端口号（TCP 或 UDP）为转换条件，将内部网络的私有 IP 地址及端口号转换为外部网络的公有 IP 地址及端口号。NAPT 又分为静态 NAPT 和动态 NAPT。两者的区别是静态 NAPT 将内网 IP 地址及端口固定转换为外网 IP 地址及端口，通常应用于允许外网用户访问内网计算机特定服务的场景。规划配置 NAPT 的要点如下。

① 配置静态 NAPT，并执行"NAT server protocal X global 外网 IP 地址 portnumber inside 内网 IP 地址 portnumber"命令。

② 动态 NAPT。

- 在出口网络设备上配置公有 IP 地址池，并执行"nat address-group 1 X.X.X.X X.X.X.X"命令。

- 在出口网络设备上配置 ACL 规则，定义可用于映射到公网的内网地址段，并执行以下命令。

【ALC id】
【rule permit source X.X.X.X 反掩码】

- 在出口网络设备上配置 NAPT，将符合 ACL 规则的内网地址段自动映射到公有 IP 地址池中；进入连接公网的出口，并执行"nat outbound id address-group 1"命令。
- 查看 NAPT 会话信息，并执行"disp nat session all"命令或"disp nat server"命令查看创建的服务器映射。

此外，Easy IP 是 NAPT 的一种简化技术。它无须建立公有 IP 地址池，因为 Easy IP 仅使用一个公有 IP 地址。该 IP 地址就是路由器连接公网的出口 IP 地址。Easy IP 的规划要点如下。

（1）在出口网络设备上配置 ACL 规则，定义可用于映射到公网的内网地址段，并执行以下命令。

【ALC id】
【rule permit source X.X.X.X 反掩码】

（2）在出口网络设备上配置 Easy IP，将符合 ACL 规则的内网地址段自动映射到出口 IP 地址上；进入连接公网的出口，并执行"nat outbound id"命令。

（3）查看 Easy IP 会话信息，并执行"display nat outbound"命令。

7.1.2 项目背景

某公司的网络拓扑结构及地址分配如图 7-1 所示。为了节省 IP 地址成本和保护内网服务器，在内网使用私有 IP 地址，对外网使用公有 IP 地址，具体要求如下。

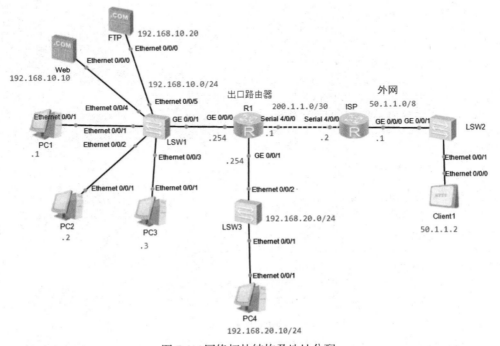

图 7-1 网络拓扑结构及地址分配

（1）使用申请到的公有 IP 地址 60.10.10.1 作为内网 Web 服务器的公有映射地址。

（2）使用申请到的公有 IP 地址 60.10.10.8 作为内网 FTP 服务器的公有映射地址，并将其映射到端口 21 中。

（3）内网网段 192.168.10.0/24 在访问外网时采用动态地址转换方式，不转换端口，可以转换的公网地址池为 60.10.10.2～60.10.10.7。

（4）内网网段 192.168.20.0/24 在访问外网时直接转换到内网连接外网的出口 IP 地址上。

7.1.3 项目规划设计

通过分析该公司的建网需求，可做如下规划。

（1）在路由器 R1 上规划一条默认路由以接入外网。

（2）规划静态 NAT：将 60.10.10.1 作为 192.168.10.10 的映射地址。

（3）规划静态 NAPT：将 60.10.10.8 的 21 端口作为 192.168.10.20 的 21 端口的映射端口。

（4）规划动态 NAT：内网地址范围为 192.168.10.0/24，可以转换的公网地址池为 60.10.10.2～60.10.10.7。

（5）规划 Easy IP：将内网地址段 192.168.20.0/24 转换到出口 IP 地址 200.1.1.1 上。

7.1.4 项目部署实施

（1）按照图 7-1 构建网络，配置各设备的接口 IP 地址，在路由器 R1 上配置到外网的默认路由，在 ISP 上配置到内网的默认路由，实现内外网互通。

```
[R1]interface Serial4/0/0
[R1-Serial4/0/0]ip address 200.1.1.1 255.255.255.252
[R1-Serial4/0/0]quit
[R1]interface GigabitEthernet0/0/0
[R1- GigabitEthernet0/0/0]ip address 192.168.10.254 24
[R1- GigabitEthernet0/0/0]quit
[R1] interface GigabitEthernet0/0/1
[R1- GigabitEthernet0/0/1]ip address 192.168.20.254 24
[R1- GigabitEthernet0/0/1]quit
[R1]ip route-static 0.0.0.0 0.0.0.0 200.1.1.2

[ISP]interface Serial4/0/0
[ISP-Serial4/0/0]ip address 200.1.1.2 255.255.255.252
[ISP-Serial4/0/0]quit
[ISP]interface GigabitEthernet0/0/0
[ISP-GigabitEthernet0/0/0]ip address 50.1.1.1 255.0.0.0
[ISP-GigabitEthernet0/0/0]quit
[ISP]ip route-static 60.0.0.0 255.0.0.0 200.1.1.1
```

这里省略了各主机及终端接口 IP 地址的配置过程。

搭建 Web 服务器，选择"WEB"窗口中的"基础配置"选项卡，配置服务器的 IP 地址，选择"服务器信息"选项卡，选择"HttpServer"选项，设置 Web 网站的文件根目录，此处临时建立一个"网站测试"文件夹和一个测试网页 index.html，单击"启动"按钮，开启 Web 服务，如图 7-2 所示。

图 7-2　开启 Web 服务

搭建 FTP 服务器，进入基础配置，配置服务器的 IP 地址，选择"服务器信息"选项卡，选择"FtpServer"选项，设置 FTP 服务器的共享文件根目录，此处临时建立一个"网站测试"文件夹作为共享文件夹，单击"启动"按钮，开启 FTP 服务，如图 7-3 所示。

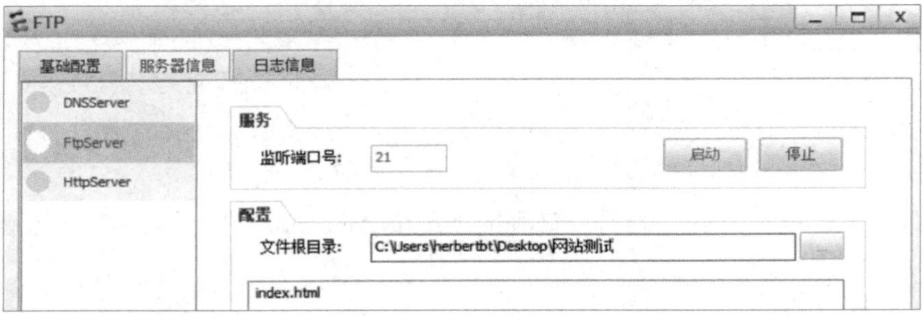

图 7-3　开启 FTP 服务

（2）规划部署静态 NAT。

```
[R1-Serial4/0/0]nat static global 60.10.10.1 inside 192.168.10.10
//查看静态 NAT 的配置结果
[R1]dis nat static
  Static Nat Information:
  Interface : Serial4/0/0
    Global IP/Port    : 60.10.10.1/----
    Inside IP/Port    : 192.168.10.10/----
    Protocol : ----
    VPN instance-name  : ----
    Acl number        : ----
    Netmask : 255.255.255.0
    Description : ----
  Total :    1
```

（3）规划部署静态 NAPT。

```
[R1-Serial4/0/0]nat server protocol tcp global 60.10.10.8 21 inside
192.168.10.20 21
//查看创建的 NAT 服务器映射
[R1]disp nat server
Nat Server Information:
  Interface : Serial4/0/0
    Global IP/Port    : 60.10.10.8/21
    Inside IP/Port    : 192.168.10.20/21
    Protocol : 6(tcp)
    VPN instance-name : ----
    Acl number        : ----
    Description : ----
  Total :   1
```

（4）规划部署动态 NAT。

① 在路由器 R1 上创建公有 IP 地址池。

```
[R1]nat address-group 1 60.10.10.2 60.10.10.7
```

② 创建 ACL 2000。

```
[R1]ACL 2000
[R1-acl-basic-2000] rule 5 permit source 192.168.10.0 0.0.0.255
[R1-acl-basic-2000]quit
```

③ 进入 Serial 4/0/0 接口，将符合规则的地址段 ACL 2000 映射到公有 IP 地址池 1 上。

```
[R1] interface Serial4/0/0
[R1-Serial4/0/0] nat outbound 2000 address-group 1 no-pat
//查看动态 NAT 的配置结果
[R1]display nat address-group 1
NAT Session Table Information:
    Protocol        : ICMP(1)
    SrcAddr  Vpn    : 192.168.10.2
    DestAddr Vpn    : 50.1.1.2
    NAT-Info
      New SrcAddr   : 60.10.10.2
      New DestAddr  : ----
```

（5）规划部署 Easy IP。

① 创建 ACL 2001。

```
[R1]ACL 2001
[R1-acl-basic-2001] rule 5 permit source 192.168.20.0 0.0.0.255
```

② 进入网络出口，将符合 ACL 2001 规则的内网地址段自动映射到出口 IP 地址 200.1.1.1 上。

```
[R1-Serial4/0/0] nat outbound 2001
```

7.1.5　项目测试

（1）输入“dis nat outbound”命令查看 Easy IP 的配置，结果如图 7-4 所示。

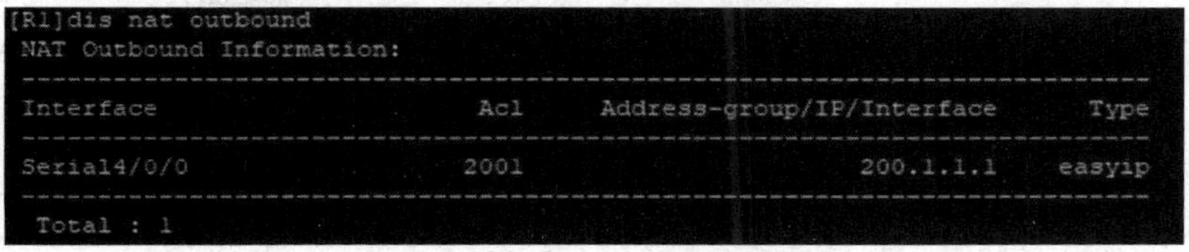

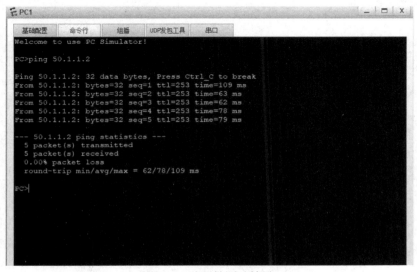

```
[R1]dis nat outbound
 NAT Outbound Information:
 --------------------------------------------------------------------------
 Interface                  Acl      Address-group/IP/Interface       Type
 --------------------------------------------------------------------------
 Serial4/0/0               2001                      200.1.1.1      easyip
 --------------------------------------------------------------------------
  Total : 1
```

图 7-4　Easy IP 配置结果

（2）测试内网与外网的连通性，结果如图 7-5 所示。

```
Welcome to use PC Simulator!

PC>ping 50.1.1.2

Ping 50.1.1.2: 32 data bytes, Press Ctrl_C to break
From 50.1.1.2: bytes=32 seq=1 ttl=253 time=109 ms
From 50.1.1.2: bytes=32 seq=2 ttl=253 time=63 ms
From 50.1.1.2: bytes=32 seq=3 ttl=253 time=62 ms
From 50.1.1.2: bytes=32 seq=4 ttl=253 time=78 ms
From 50.1.1.2: bytes=32 seq=5 ttl=253 time=79 ms

--- 50.1.1.2 ping statistics ---
  5 packet(s) transmitted
  5 packet(s) received
  0.00% packet loss
  round-trip min/avg/max = 62/78/109 ms

PC>
```

图 7-5　连通性测试结果

7.1.6　任务书

一、实训目的 （1）通过项目实践，掌握静态 NAT、动态 NAT、静态 NAPT、Easy IP 的规划配置方法，理解静态 NAT、动态 NAT、静态 NAPT、Easy IP 的工作原理及过程。 （2）养成不断创新，积极进取的精神。
二、实训要求 某公司的网络拓扑结构及地址分配如图 7-1 所示，请完成以下配置任务。 （1）在 eNSP 中构建网络环境，并为网络设备和主机配置接口 IP 地址；开启 Web 服务和 FTP 服务，并进行验证；配置静态路由实现内外网互通。 （2）规划部署静态 NAT：将 60.10.10.1 作为 192.168.10.10 的映射地址。 （3）规划部署静态 NAPT：将 60.10.10.8 的 21 端口作为 192.168.10.20 的 21 端口的映射端口。

（4）规划部署动态 NAT：内网地址范围为 192.168.10.0/24，可以转换的公网地址池为 60.10.10.2～60.10.10.7。

（5）规划部署 Easy IP：将内网地址段 192.168.20.0/24 转换到出口 IP 地址 200.1.1.1 上。

（6）测试地址转换过程。

三、评分标准

（1）网络拓扑结构布局简洁、美观，标注清晰。（15%）

（2）NAT 规划部署正确。（65%）

（3）测试地址转换正确。（20%）

四、设备配置截图

五、测试结果截图

六、教师评语

实验成绩：   教师：

习题 7

一、单选题

1. 使用（   ）命令可以查看 NAT 表项。

A. display nat table   B. display nat entry

C. display nat   D. display nat session

2. 在 MSR 路由器上，可以使用（   ）命令来清除 NAT 会话表项。

A. clear nat   B. clear nat session

C. reset nat session   D. reset nat table

3. 下面关于 Easy IP 的说法，错误的是（   ）。

A. Easy IP 是 NAPTQ 的一种特例

B. 在配置 Easy IP 时，不需要配置 ACL 来匹配需要被 NAT 转换的报文

C. 在配置 Easy IP 时，不需要配置 NAT 地址池

D. Easy IP 适用于 NAT 设备拨号或动态获得公有 IP 地址的场景

4. NAPT 允许多个私有 IP 地址通过不同的端口号映射到同一个公有 IP 地址上。下面关于 NAPT 中端口号的描述，正确的是（   ）。

A. 必须手动配置端口号和私有 IP 地址的对应关系

B. 只需配置端口号的范围

C. 需要使用 ACL 分配端口号

D. 不需要做任何关于端口号的配置

5. 在配置完 NAPT 后，发现有些内网地址始终可以 ping 通外网，而有些内网地址则始终无法 ping 通外网，可能的原因是（   ）。

A. ACL 设置不正确   B. NAT 的地址池只有一个地址

C. NAT 设备性能不足   D. NAT 配置没有生效

二、问答题

简述 NAT 有哪些方式。

项目 **8**

使用 ACL 技术进行流量整形

中共中央总书记、国家主席、中央军委主席习近平在文化传承发展座谈会上指出："中华文明具有突出的创新性，从根本上决定了中华民族守正不守旧、尊古不复古的进取精神，决定了中华民族不惧新挑战、勇于接受新事物的无畏品格。"

知识目标

（1）了解 ACL 的应用背景。

（2）掌握 ACL 的工作原理。

（3）掌握使用 ACL 进行流量整形的方法。

能力目标

（1）具有分析简单安全需求的能力。

（2）具有使用 ACL 实现安全防护的能力。

素质目标

（1）树立终身学习的理念和培养终身学习的习惯。

（2）培养严谨细致的工作作风。

（3）增强全局意识和责任意识。

任务 8.1　基本 ACL 的规划配置

使用基本 ACL 进行流量整形-基本网络搭建

使用基本 ACL 进行流量整形-安全需求实现及验证

8.1.1　ACL 的工作原理

ACL（Access Control List，访问控制列表）是由一系列规则组成的集合，它通过这些规则对报文进行分类，使设备能够针对不同类型的报文进行不同的处理。

根据 ACL 的特性不同，可将 ACL 分成不同类型：基本 ACL、高级 ACL、二层 ACL、用户自定义 ACL。其中，应用较为广泛的是基本 ACL 和高级 ACL。各种类型 ACL 的区别如表 8-1 所示。

表 8-1　各种类型 ACL 的区别

ACL 类型	编号范围	制订规则的主要依据
基本 ACL	2000~2999	报文源 IP 地址等信息
高级 ACL	3000~3999	报文源 IP 地址、目的 IP 地址、报文优先级、IP 承载的协议类型及特性等三、四层信息
二层 ACL	4000~4999	报文的源 MAC 地址、目的 MAC 地址、802.1p 优先级、链路层协议类型等二层信息
用户自定义 ACL	5000~5999	用户自定义报文的偏移位置和偏移量，以及从报文中提取出的相关内容等信息

（1）ACL 规则的核心思想如下。

① 每个 ACL 都可以建立一个规则组，而每个规则组可以包含多条规则。

② ACL 中的每条规则都通过规则 ID（Rule-ID）来标识。规则 ID 可以由用户进行设置，也可以由系统根据步长自动生成，即设备会在创建 ACL 的过程中自动为每条规则分配一个 ID。

③ 在默认情况下，ACL 中的所有规则均按照规则 ID 从小到大的顺序进行匹配。

④ 规则 ID 之间会保留一定的间隔。如果不指定规则 ID，则具体间隔由"ACL 的步长"来设定。华为设备的规则 ID 间隔默认步长为 5。

（2）ACL 规则匹配过程如下。

① 配置了 ACL 的设备在接收到一个报文之后，首先将该报文与 ACL 中的规则逐条进行匹配。

② 如果不能与当前规则匹配，则继续尝试匹配下一条规则。

③ 一旦报文与某条规则匹配，就对该报文执行该规则中定义的处理动作（permit 或 deny），并且不继续尝试与后续规则进行匹配。

④ 如果报文不能与 ACL 中的任何一条规则匹配，则设备会对该报文执行默认的处理动作。华为设备默认的处理动作为 permit，而思科设备默认的处理动作为 deny。

（3）基本 ACL 只能基于 IP 报文的源 IP 地址、报文分片标记和时间段信息来定义规则。基本 ACL 的规划步骤如下。

① 创建 ACL，并执行"ACL id"命令。

② 创建规则，并执行"rule [rule-id] {permit | deny} [source {source-address source-wildcard | any}"命令。

③ 将 ACL 应用到端口上，进入端口，并执行"traffic-filter outbound acl id"命令。

（4）高级 ACL 可以根据 IP 报文的源 IP 地址、目的 IP 地址、协议字段值、优先级值、长度值，TCP 报文的源端口号、目的端口号，UDP 报文的源端口号、目的端口号等信息来定义规则。基本 ACL 功能只是高级 ACL 功能的一个子集，高级 ACL 可以定义更精准、更复杂、更灵活的条件。高级 ACL 的规划步骤如下。

① 创建 ACL，并执行"ACL id"命令。

② 创建规则，并执行" rule [rule-id] {permit|deny} ip [destination {destination-address destination-wildcard | any}] [source {source-address source-wildcard | any}"命令。

③ 将 ACL 应用到端口上，进入端口，并执行"traffic-filter outbound acl id"命令。

8.1.2　项目背景

某公司将经理办公室、财务部和销售部的网络分为不同的 3 个网段，而这 3 个部门之间需要进行信息交流。为了安全起见，公司领导要求销售部的主机不能访问财务部的主机，但经理办公室的主机可以访问财务部的主机。该公司的网络拓扑结构及设备 IP 地址分配如图 8-1 所示。其中，PC0 为经理办公室的主机，PC1 为销售部的主机、PC2 为财务部的主机。请根据公司领导对安全访问的需求，实现安全访问。

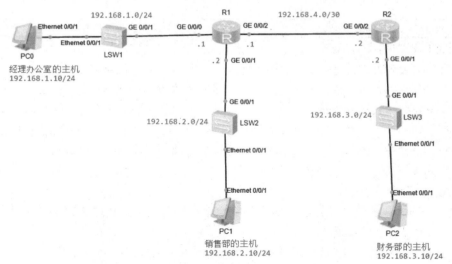

图 8-1　网络拓扑结构及设备 IP 地址分配

8.1.3　项目规划设计

根据公司领导对安全访问的需求，可知所有的安全访问控制都是针对财务部主机的，因此在连接财务部主机的路由器 R2 上做如下规划设计。

（1）规划一个基本 ACL。

（2）创建一条规则，使得经理办公室的主机可以访问财务部的主机。

（3）再次创建一条规则，使得销售部的主机不能访问财务部的主机。

（4）由于华为设备默认的处理动作为 permit，为了安全起见，再次创建一条规则，禁止除经理办公室主机外的主机访问财务部的主机。

8.1.4　项目部署实施

（1）配置路由器 R1、R2 及各主机的基本接口 IP 地址。

```
[R1]int g0/0/0
[R1-GigabitEthernet0/0/0]ip add 192.168.1.1 24
[R1]int g0/0/1
[R1-GigabitEthernet0/0/1]ip add 192.168.2.1 24
[R1]int g0/0/2
[R1-GigabitEthernet0/0/2]ip add 192.168.4.1 30
[R2]int g0/0/1
[R2-GigabitEthernet0/0/1]ip add 192.168.3.1 24
[R2]int g0/0/2
[R2-GigabitEthernet0/0/2]ip add 192.168.4.2 30
```

（2）配置静态路由，实现全网互通。

```
[R1]ip route-static 192.168.3.0 255.255.255.0 192.168.4.2
[R2]ip route-static 192.168.1.0 24 192.168.4.1
[R2]ip route-static 192.168.2.0 24 192.168.4.1
```

查看路由表信息，如图 8-2 所示。

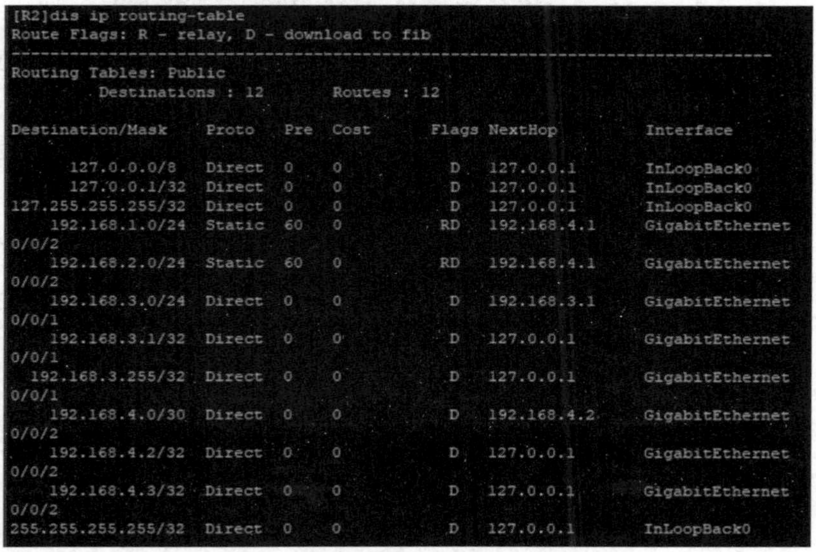

```
[R2]dis ip routing-table
Route Flags: R - relay, D - download to fib
------------------------------------------------------------------------------
Routing Tables: Public
         Destinations : 12       Routes : 12

Destination/Mask    Proto   Pre  Cost      Flags NextHop         Interface

      127.0.0.0/8   Direct  0    0           D   127.0.0.1       InLoopBack0
      127.0.0.1/32  Direct  0    0           D   127.0.0.1       InLoopBack0
127.255.255.255/32  Direct  0    0           D   127.0.0.1       InLoopBack0
    192.168.1.0/24  Static  60   0          RD   192.168.4.1     GigabitEthernet
0/0/2
    192.168.2.0/24  Static  60   0          RD   192.168.4.1     GigabitEthernet
0/0/2
    192.168.3.0/24  Direct  0    0           D   192.168.3.1     GigabitEthernet
0/0/1
    192.168.3.1/32  Direct  0    0           D   127.0.0.1       GigabitEthernet
0/0/1
  192.168.3.255/32  Direct  0    0           D   127.0.0.1       GigabitEthernet
0/0/1
    192.168.4.0/30  Direct  0    0           D   192.168.4.2     GigabitEthernet
0/0/2
    192.168.4.2/32  Direct  0    0           D   127.0.0.1       GigabitEthernet
0/0/2
    192.168.4.3/32  Direct  0    0           D   127.0.0.1       GigabitEthernet
0/0/2
255.255.255.255/32  Direct  0    0           D   127.0.0.1       InLoopBack0
```

图 8-2　路由表信息

测试网络的连通性。测试 PC0 与 PC1 和 PC2 的连通性，如图 8-3 所示。

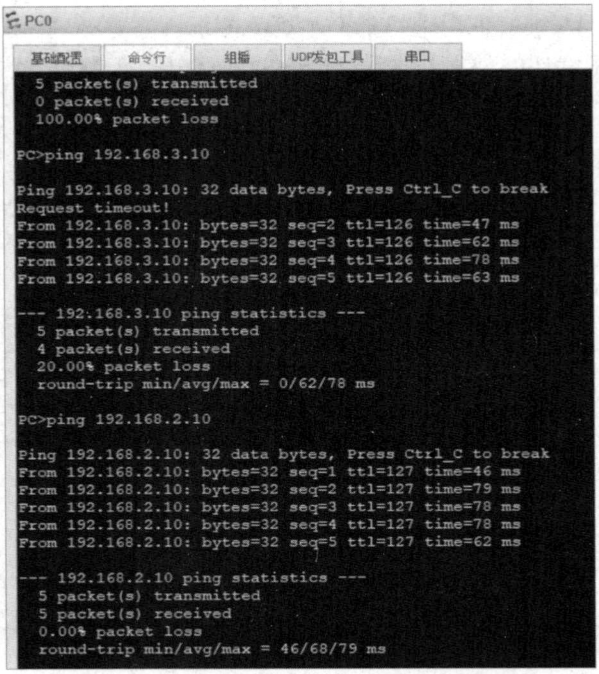

图 8-3　测试 PC0 与 PC1 和 PC2 的连通性

测试 PC1 与 PC2 的连通性，如图 8-4 所示。

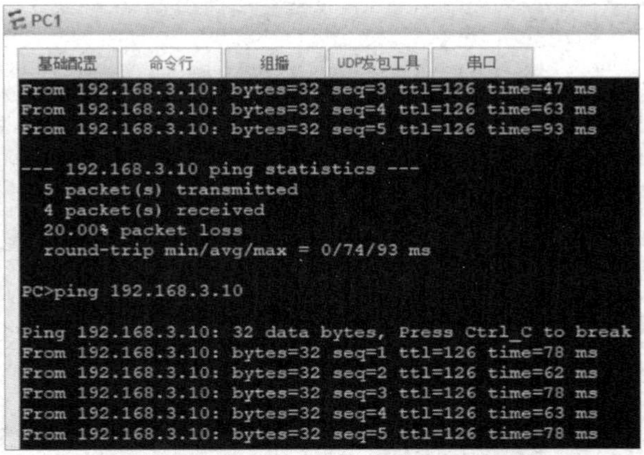

图 8-4　测试 PC1 与 PC2 的连通性

（3）规划部署基本 ACL，实现安全需求。

```
[R2]acl 2000
[R2-acl-basic-2000]rule permit source 192.168.1.0 0.0.0.255
[R2-acl-basic-2000]rule deny source 192.168.2.0 0.0.0.255
[R2-acl-basic-2000]rul deny source any
[R2]int g0/0/1
[R2-GigabitEthernet0/0/1]traffic-filter outbound acl 2000
//查看刚才配置的 ACL
[R2]dis acl all
Total quantity of nonempty ACL number is 1
```

```
Basic ACL 2000, 3 rules
Acl's step is 5
 rule 5 permit source 192.168.1.0 0.0.0.255
 rule 10 deny source 192.168.2.0 0.0.0.255
 rule 15 deny
```

8.1.5 项目测试

测试从销售部的主机 PC1 能否 ping 通财务部的主机 PC2，结果为连通失败，如图 8-5 所示。

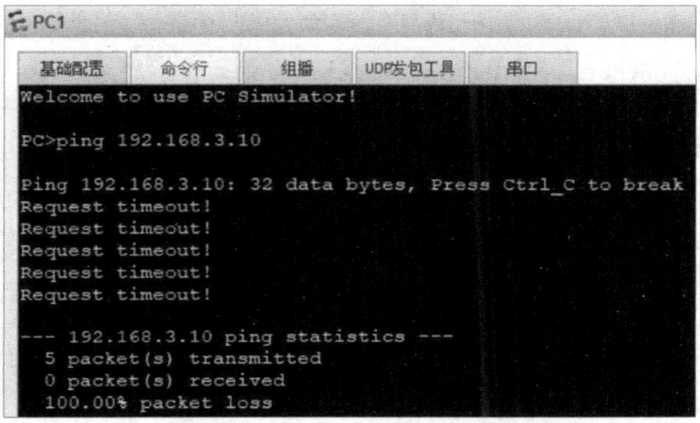

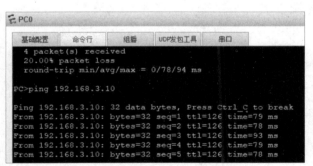

图 8-5 PC1 与 PC2 连通失败

测试从经理办公室的主机 PC0 能否 ping 通财务部的主机 PC2，结果为连通成功，如图 8-6 所示。

图 8-6 PC0 与 PC2 连通成功

8.1.6 任务书

一、实训目的

（1）通过项目实践，掌握基本 ACL 的规划配置方法，理解 ACL 的工作原理，以及在应用 ACL 后，路由器根据 ACL 规则进行数据包过滤的过程，掌握使用基本 ACL 过滤流量的方法。

（2）养成纪律意识。

二、实训要求

某公司的网络拓扑结构如图 8-1 所示，请完成以下配置任务。

（1）在 eNSP 中构建网络环境，为网络设备和主机配置接口 IP 地址，并进行验证。

（2）规划静态路由，实现内网全网互通，并进行验证。

（3）规划部署基本 ACL，实现经理办公室的主机能够访问财务部的主机，而销售部的主机不能访问财务部的主机。

（4）测试是否满足安全访问控制需求。

三、评分标准

（1）网络拓扑结构布局简洁、美观，标注清晰。（10%）

（2）设备配置正确，ACL 部署正确，能够满足安全访问控制需求。（70%）

（3）测试网络的连通性。（20%）

四、设备配置截图

五、测试结果截图

六、教师评语

实验成绩：   教师：

任务 8.2 使用高级 ACL 进行流量整形

使用高级 ACL
进行流量整形-
基本网络搭建

使用高级 ACL
进行流量整形-
安全需求实现

8.2.1 项目背景

某公司的网络拓扑结构如图 8-7 所示，其中交换机 SW2 中包含 3 个 VLAN，分别是财务部 VLAN 10、市场部 VLAN 20、行政部 VLAN 30。交换机 SW2 接口 VLAN 的划分如表 8-2 所示。为了提高网络的安全性，要求仅财务部的主机能够访问 FTP 服务器，而 Web 服务仅供内网访问。

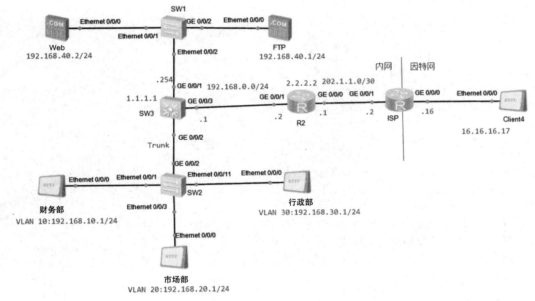

图 8-7 网络拓扑结构

表 8-2 交换机 SW2 接口 VLAN 的划分

设备名	VLANID	对应接口	网段	网关地址
SW2	10	Ethernet 0/0/1～Ethernet 0/0/2	192.168.10.0/24	192.168.10.254/24
SW2	20	Ethernet 0/0/3～Ethernet 0/0/10	192.168.20.0/24	192.168.20.254/24
SW2	30	Ethernet 0/0/11～Ethernet 0/0/20	192.168.30.0/24	192.168.30.254/24

8.2.2 项目规划设计

基于该公司的网络拓扑结构，通过分析该公司的组网需求，可做如下规划部署。

（1）规划部署静态路由，实现内网互通。

（2）由于主要加强对 Web 和 FTP 服务器的保护，因此可以在距离服务器最近的汇聚层交换机 SW3 和出口路由器 R2 上规划部署 ACL，实现安全访问，具体规划如下。

（1）在汇聚层交换机 SW3 上规划一个高级 ACL，先创建一条规则，使得财务部的主机能够访问 FTP 服务（服务器中的 FTP 服务），再创建一条规则，使得其他主机不能访问 FTP 服务。由于流量访问限制的是从汇聚层交换机 SW3 到 FTP 服务器的路径，因此将 ACL 应用到汇聚层交换机 SW3 的 GE 0/0/1 接口的出口方向上。

（2）在出口路由器 R2 上规划一个高级 ACL，并创建一条规则，使得外网不能访问 Web 服务（服务器中的 Web 服务）。由于流量访问限制的是从外网到 Web 服务器的路径，因此将该 ACL 应用到出口路由器 R2 的 GE 0/0/0 接口的入口方向上。

8.2.3　项目部署实施

（1）在交换机 SW2 上规划配置 VLAN。

```
[SW2] vlan batch 10 20 30
[SW2]port-group vlan10
[SW2-port-group-vlan10]group-member e0/0/1 to e0/0/2
[SW2-port-group-vlan10]port link-type access
[SW2-port-group-vlan10]port default vlan 10
[SW2-port-group-vlan10]quit
[SW2] port-group vlan 20
[SW2-port-group-vlan20] group-member Ethernet 0/0/3 to e0/0/10
[SW2-port-group-vlan20]port link-type access
[SW2-port-group-vlan20]port default vlan 20
[SW2-port-group-vlan20]quit
[SW2] port-group vlan 30
[SW2-port-group-vlan30] group-member Ethernet 0/0/11 to e0/0/20
[SW2-port-group-vlan30]port link-type access
[SW2-port-group-vlan30]port default vlan 30
```

配置 Trunk 链路。

```
[SW2] interface g0/0/2
[SW2-GigabitEthernet0/0/2] port link-type trunk
[SW2-GigabitEthernet0/0/2]port trunk allow-pass vlan 10 20 30
```

（2）在汇聚层交换机 SW3 上规划 VLAN，并配置虚拟接口 VLANIF。

```
[SW3]vlan batch 10 20 30
[SW3] interface g0/0/1
[SW3-GigabitEthernet0/0/1] port link-type trunk
[SW3-GigabitEthernet0/0/1]port trunk allow-pass vlan 10 20 30
[SW3] interface g0/0/2
[SW3-GigabitEthernet0/0/2] port link-type trunk
[SW3-GigabitEthernet0/0/2]port trunk allow-pass vlan 10 20 30

[SW3]int vlanif 10
[SW3-vlanif10]ip address 192.168.10.254 24
[SW3]int vlanif 20
```

```
[SW3-vlanif20]ip address 192.168.20.254 24
[SW3]int vlanif 30
[SW3-vlanif30]ip address 192.168.30.254 24
[SW3]interface GigabitEthernet0/0/3
[SW3-GigabitEthernet0/0/3]ip address 192.168.0.1 24

[R2]interface GigabitEthernet0/0/0
[R2-GigabitEthernet0/0/0]ip address  202.1.1.1  30
[R2-GigabitEthernet0/0/0]quit
[R2] interface GigabitEthernet0/0/1
[R2-GigabitEthernet0/0/1]ip address 192.168.0.2 24
```

（3）配置静态路由。

```
[SW3]ip route-static 0.0.0.0 0.0.0.0 192.168.0.2

[R2]ip route-static 192.168.10.0 255.255.255.0 192.168.0.1
[R2]ip route-static 192.168.20.0 255.255.255.0 192.168.0.1
[R2]ip route-static 192.168.30.0 255.255.255.0 192.168.0.1
[R2]ip route-static 192.168.40.0 255.255.255.0 192.168.0.1
```

（4）规划部署 ACL，使得财务部的主机能够访问 FTP 服务，其他主机不能访问。

```
[SW3]ACL 3001
[SW3-acl-adv-3001]rule 5 permit tcp  source 192.168.10.0 0.0.0.255 destination
192.168.40.1 0 destination-port eq 21
[SW3-acl-adv-3001]rule 10 deny ip source any destination 192.168.40.1  0
```

将 ACL 应用到需求接口上。

```
[SW3] interface GigabitEthernet0/0/1
[SW3-GigabitEthernet0/0/1]ip address 192.168.40.254 24
[SW3-GigabitEthernet0/0/1]traffic-filter outbound acl 3001
```

（5）规划部署 ACL，使得 Web 服务仅供内网访问。

```
[R2]acl 3002
[R2-acl-adv-3002]rule 10 deny ip source any destination 192.168.40.0 0.0.0.255
[R2-acl-adv-3002]quit
//将 ACL 应用到与外网相连的接口上
[R2]int g0/0/0
[R2-GigabitEthernet0/0/0]traffic-filter inbound acl 3002
```

8.2.4 项目测试

使用高级 ACL
进行流量整形-
验证测试

在 Web 服务器上创建测试页面（见图 8-8），并发布该测试页面；在 FTP 服务器上将客户端可以访问的文件放在 D:\ftp 目录下，如图 8-9 所示。

测试内网主机之间的连通性，如从财务部的主机 ping 市场部的主机，结果为可以连通，如图 8-10 所示。

图 8-8　创建测试页面

图 8-9　设置文件的存放位置

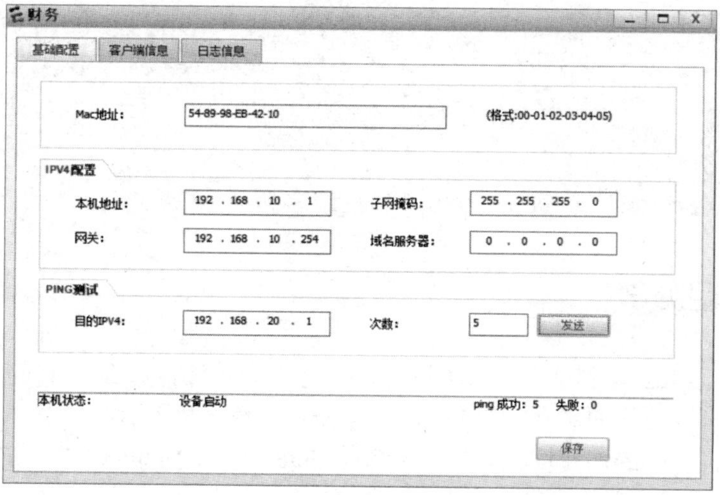

图 8-10　内网互通测试成功

测试内网是否能够访问外网，结果为能够访问，如图 8-11 所示。

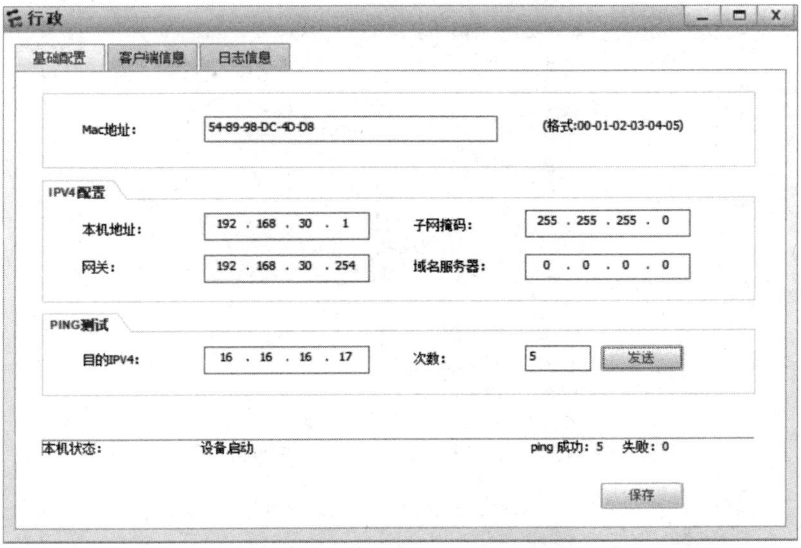

图 8-11　内网访问外网成功

　　测试财务部的主机是否能够访问 FTP 服务，并且行政部的主机、市场部的主机不能访问 FTP 服务。这里将"文件传输模式"设置为"PORT"。如果"服务器文件列表"选区中出现所创建的测试文件，则代表访问成功，如图 8-12 所示。

图 8-12　财务部的主机访问 FTP 服务成功

市场部的主机访问 FTP 服务失败，如图 8-13 所示。
外网终端 Client4 访问 FTP 服务失败，如图 8-14 所示。
除了财务部的主机，其他主机访问 FTP 服务均失败，表示完成任务。
测试 Web 服务是否仅能被内网的主机访问，结果如图 8-15 和图 8-16 所示。

图 8-13　市场部的主机访问 FTP 服务失败

图 8-14　外网终端 Client4 访问 FTP 服务失败

图 8-15　财务部的主机访问 Web 服务成功

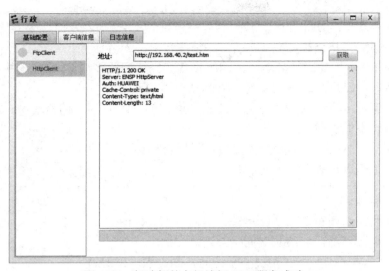

图 8-16　行政部的主机访问 Web 服务成功

外网的主机访问 Web 服务失败，如图 8-17 所示。

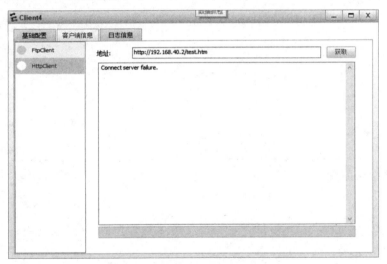

图 8-17　外网的主机访问 Web 服务失败

外网的主机访问 Web 服务失败，这是因为在出口路由器 R2 上创建了 ACL 3002，阻断了外网主机对 192.168.40.0 网段的访问。

8.2.5　任务书

一、实训目的

（1）通过项目实践，掌握基本 ACL 和高级 ACL 的规划配置方法，理解 ACL 的工作原理及数据包过滤的过程，能够通过规划部署 ACL 实现安全访问控制需求。

（2）养成精益求精和不断创新的工作精神。

二、实训要求

某公司的网络拓扑结构如图 8-7 所示，请完成以下配置任务。

（1）在 eNSP 中构建网络环境，为网络设备和主机配置接口 IP 地址，并进行验证。

（2）采用静态路由实现内网互通，并测试全网的互通性。

（3）规划部署 ACL，实现财务部的主机能够访问 FTP 服务，而市场部、行政部的主机及外网的主机均不能访问 FTP 服务。

（4）规划部署 ACL，实现仅内网能够访问 Web 服务。

（5）测试是否满足安全访问控制需求。

三、评分标准

（1）网络拓扑结构布局简洁、美观，标注清晰。（10%）

（2）规划配置正确，能够实现网络互通。（20%）

（3）ACL 部署正确，能够实现安全访问控制需求。（50%）

（4）测试网络的连通性。（20%）

四、设备配置截图

五、测试结果截图

六、教师评语

实验成绩：   教师：

任务 8.3　流量整形与安全监控

流量整形与安全
监控-基本网络
搭建

流量整形与安全
监控-规划配置
实现安全需求

8.3.1　端口镜像及端口安全技术的原理

作为网络管理员，为了保障网络通信的安全，必须实时掌握网络通信的状况。因此，需要通过一些设备或技术手段对整个网络通信进行监控，如加设防火墙、进行日志监控、使用安全网关等安全设备、安装监控软件等。这时，在连接这些安全设备的交换机上通常需要做一个配置，即端口镜像，以达监控的目的。什么是端口镜像呢？端口镜像（Port Mirroring）可以把一个或多个端口的数据流量复制到某个端口上，从而实现分析网络流量和监听网络。被复制数据流量的端口被称为镜像源端口，也被称为被监控端口。数据流量复制到的端口被称为镜像目的端口。把镜像目的端口连接到安全设备或已安装监控软件的监控主机上，在安全设备或监控主机上即可实现对网络的实时监控。端口镜像的规划要点如下。

（1）规划配置镜像源端口，并执行"Switch(config)#monitor session session-id source interface interface-id {rx|tx|both}"命令。

（2）规划配置镜像目的端口，并执行"Switch(config)#monitor session session-id destination interface interface-id"命令。

（3）查看监控会话，并执行"Switch# show monitor session session-id"命令。

MAC 地址洪泛攻击是指网络攻击者使用工具发送大量带有无效源 MAC 地址的数据帧。当交换机将无效的 MAC 地址学习到 MAC 地址表中时，会覆盖合法主机的 MAC 地址条目，导致当合法主机发送数据过来时，交换机无法在 MAC 地址表中找到地址表项而采用广播式转发，这类似于集线器的工作，从而使攻击者可以窃听局域网内的通信。

要防范以上 MAC 地址洪泛攻击，可以通过配置交换机端口安全性来实现。交换机端口安全性可以限制只有指定的安全 MAC 地址才能通过端口传输数据帧，还可以限制每个端口只允许学习有限数量的 MAC 地址，从而防范 MAC 地址洪泛攻击。获得安全 MAC 地址通常包括以下 3 种方法。

（1）静态安全 MAC 地址：由网络管理员在交换机端口的子配置模式下使用"switchport port-security mac-address mac-address"命令手动配置的安全 MAC 地址。

（2）动态安全 MAC 地址：由交换机动态学习获得的安全 MAC 地址，其安全 MAC 地址仅存储在 MAC 地址表中。

（3）粘性安全 MAC 地址：通过动态学习获得的安全 MAC 地址。这些动态获得的安全 MAC 地址不仅存储在 MAC 地址表中，还会被添加到交换机正在运行的配置文件中。

交换机端口在学习地址时要执行相应的违规操作，其违规模式分为保护、限制和关闭 3 种。

（1）保护（Protect）模式：当启用端口安全性的交换机端口有违规操作的数据帧时，违规模式为保护的端口会丢弃该数据帧。

（2）限制（Restrict）模式：当启用端口安全性的交换机端口有违规操作的数据帧时，违规模式为限制的端口会丢弃该数据帧。

（3）关闭（Shutdown）模式：当启用端口安全性的交换机端口有违规操作的数据帧时，违规模式为关闭的端口会立即变为错误禁用（Error-disabled）状态。

在默认情况下，Cisco 系列交换机的端口不启用端口安全性。当启用端口安全性后，默认的最大有效安全 MAC 地址的数量为 1，违规模式为禁用。配置交换机端口安全性的步骤如下。

（1）设置交换机端口为 Access 类型，进入端口子配置模式，并执行"switchport mode access"命令。

（2）启用端口安全性，并执行"switchport port-security"命令。

（3）设置获得安全 MAC 地址的方法为粘性安全 MAC 地址，并执行"switch port-security mac-address sticky"命令。

（4）设置最大有效安全 MAC 地址的数量，并执行"switchport port-security maximum maximum"命令。

（5）配置安全 MAC 地址，并执行"switch port-security mac-address mac-address"命令。

（6）配置违规模式，并执行"port-security violation protect|restrict|shutdown"命令。

8.3.2 项目背景

某公司的网络拓扑及设备地址如图 8-18 所示（本项目采用 Packet Tracer），VLAN 划分如表 8-3 所示，内网设有服务器。为了安全起见，需要对网络进行访问控制，并监控网络通信过程，具体要求如下。

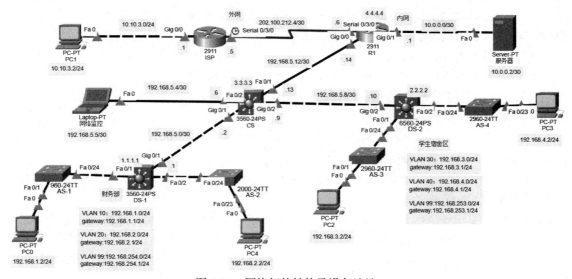

图 8-18　网络拓扑结构及设备地址

（1）内网出口路由器 R1 的性能最好，内网采用单域的 OSPF 动态路由实现互通。

（2）防范来自用户区的 MAC 地址洪泛攻击。

（3）在核心交换机 CS 上接入一台监控设备，用于对财务部、学生宿舍区的网络通信进行监控。

（4）禁止学生宿舍区访问服务器中的 Web 服务。

（5）禁止除内网以外的用户访问服务器中的 FTP 服务。

表 8-3　VLAN 划分

设备端口范围	VLANID	网段	网关地址
AS-1、AS-2 的 Fa 0/1～Fa 0/12	10	192.168.1.0/24	192.168.1.1/24
AS-1、AS-2 的 Fa 0/13～Fa 0/23	20	192.168.2.0/24	192.168.2.1/24
财务部的管理 VLAN	99	192.168.254.0/24	192.168.254.1/24
AS-3、AS-4 的 Fa 0/1～Fa 0/12	30	192.168.3.0/24	192.168.3.1/24
AS-3、AS-4 的 Fa 0/13～Fa 0/23	40	192.168.4.0/24	192.168.4.1/24
学生宿舍的管理 VLAN	99	192.168.253.0/24	192.168.253.1/24

8.3.3　项目规划设计

通过分析该公司的组建网络和管理维护需求，可做如下规划。

（1）由于内网出口路由器 R1 的性能最好，并且采用 OSPF 动态路由实现互通，因此将 R1 的 Router ID 设置为 4.4.4.4，核心交换机 CS 的 Router ID 设置为 3.3.3.3，交换机 DS-1 的 Router ID 设置为 1.1.1.1，交换机 DS-2 的 Router ID 值设置为 2.2.2.2；由于内网通过 R1 接入外网，因此在 R1 上规划一条到外网的默认路由，并将该默认路由重发布到 OSPF 中。

（2）在交换机 DS-1 和 DS-2 上配置端口安全保护功能，用于防范来自用户区的 MAC 地址洪泛攻击；限制每个已划分 VLAN 的端口最多学习 3 个 MAC 地址，并且一旦发生违规行为，就阻止后续违规流量通过，同时不影响发送系统日志消息。

（3）为了达到监控财务部和学生宿舍区网络通信的目的，需要在连接监控设备的核心交换机 CS 上配置端口镜像，并将连接财务部、学生宿舍区的端口流量镜像到连接监控设备的端口上。

（4）在出口路由器 R1 上规划部署扩展 ACL，以允许财务部的主机访问服务器 10.0.0.2 中的 Web 服务，并禁止学生宿舍区网段 192.168.3.0/24 和 192.168.4.0/24 访问服务器 10.0.0.2 中的 Web 服务。

（5）在出口路由器 R1 上规划部署扩展 ACL，以允许内网财务部和学生宿舍区的主机访问服务器中的 FTP 服务，同时禁止其他主机访问。

8.3.4　项目部署实施

（1）按照图 8-18，实现 IP 地址规划配置。

（2）VLAN 规划如下。

按照上述规划，配置 VLAN 及相应端口，实现 VLAN 之间的通信。

```
//交换机 AS-1 的配置如下。交换机 AS-2 的配置与此相同
AS-1(config)#vlan 10
```

```
AS-1(config)#vlan 20
AS-1(config)#vlan 99
AS-1(config)#Int range f0/1-12
AS-1(config-if)#switchport mode access
AS-1(config-if)#switchport access vlan 10
AS-1(config)#Int range f0/13-23
AS-1(config-if)#switchport mode access
AS-1(config-if)#switchport access vlan 20
AS-1(config)#interface FastEthernet0/24
AS-1(config-if)#switchport mode trunk
AS-1(config-if)#switchport trunk native vlan 99
AS-1(config-if)#switchport trunk allowed vlan 10,20,99

//交换机 AS-3 的配置如下。交换机 AS-4 的配置与此相同
AS-3(config)#vlan 30
AS-3(config)#vlan 40
AS-3(config)#vlan 99
AS-3(config)#Int range f0/1-12
AS-3(config-if)#switchport mode access
AS-3(config-if)#switchport access vlan 30
AS-3(config)#Int range f0/13-23
AS-3(config-if)#switchport mode access
AS-3(config-if)#switchport access vlan 40
AS-3(config)#interface FastEthernet0/24
AS-3(config-if)#switchport mode trunk
AS-3(config-if)#switchport trunk native vlan 99
AS-3(config-if)#switchport trunk allowed vlan 30,40,99

DS-1(config)#vlan 10
DS-1(config)#vlan 20
DS-1(config)#vlan 99
DS-1(config)#int range f0/1-2
DS-1(config-if)#switchport trunk encapsulation dot1q
DS-1(config-if)#switchport mode trunk
DS-1(config-if)#switchport native vlan 99
DS-1(config-if)#switchport trunk allowed vlan 10,20,99
DS-1(config)#int vlan 10
DS-1(config-if)# ip add 192.168.1.1 255.255.255.0
DS-1(config-if)#no shut
DS-1(config)#int vlan 20
DS-1(config-if)# ip add 192.168.2.1 255.255.255.0
DS-1(config-if)#no shut
DS-1(config)#int vlan 99
DS-1(config-if)# ip add 192.168.254.1 255.255.255.0
DS-1(config-if)#no shut
DS-1(config)#ip routing
DS-1(config)#int g0/1
DS-1(config-if)#no switchport
```

```
DS-1(config-if)# ip add 192.168.5.1 255.255.255.252

DS-2(config)#vlan 30
DS-2(config)#vlan 40
DS-2(config)#vlan 99
DS-2(config)#int range f0/1-2
DS-2(config-if)#switchport trunk encapsulation dot1q
DS-2(config-if)#switchport mode trunk
DS-2(config-if)#switchport native vlan 99
DS-2(config-if)#switchport trunk allowed vlan 30,40,99
DS-2(config)#int vlan 30
DS-2(config-if)# ip add 192.168.3.1 255.255.255.0
DS-2(config-if)#no shut
DS-2(config)#int vlan 40
DS-2(config-if)# ip add 192.168.4.1 255.255.255.0
DS-2(config-if)#no shut
DS-2(config)#int vlan 99
DS-2(config-if)# ip add 192.168.253.1 255.255.255.0
DS-2(config-if)#no shut
DS-2(config)#ip routing
DS-2(config)#int g0/2
DS-2(config-if)#no switchport
DS-2(config-if)# ip add 192.168.5.10 255.255.255.252
```

（3）配置路由，实现全网互通。

```
DS-1(config)#router ospf 1
DS-1(config-router)#router-id 1.1.1.1
DS-1(config-router)#passive-interface vlan10
DS-1(config-router)#passive-interface vlan20
DS-1(config-router)#passive-interface vlan99
DS-1(config-router)#network 192.168.1.0 0.0.0.255 area 0
DS-1(config-router)#network 192.168.2.0 0.0.0.255 area 0
DS-1(config-router)#network 192.168.254.0 0.0.0.255 area 0
DS-1(config-router)#network 192.168.5.0 0.0.0.3 area 0

DS-2(config)#router ospf 1
DS-2(config-router)#router-id 2.2.2.2
DS-2(config-router)#network 192.168.3.0 0.0.0.255 area 0
DS-2(config-router)#network 192.168.4.0 0.0.0.255 area 0
DS-2(config-router)#network 192.168.253.0 0.0.0.255 area 0
DS-2(config-router)#network 192.168.5.8 0.0.0.3 area 0

CS(config)router ospf 1
CS(config-router)#router-id 3.3.3.3
CS(config-router)#passive-interface FastEthernet0/2
CS(config-router)#network 192.168.5.0 0.0.0.3 area 0
CS(config-router)#network 192.168.5.4 0.0.0.3 area 0
CS(config-router)#network 192.168.5.8 0.0.0.3 area 0
```

```
CS(config-router)#network 192.168.5.12 0.0.0.3 area 0

R1(config)#router ospf 1
R1(config-router)#router-id 4.4.4.4
R1(config-router)#passive-interface GigabitEthernet0/1
R1(config-router)#network 192.168.5.12 0.0.0.3 area 0
R1(config-router)#network 10.0.0.0 0.0.0.3 area 0
R1(config-router)#network 202.100.212.4 0.0.0.3 area 0
R1(config-router)#default-information originate
R1(config-router)#ip route 0.0.0.0 0.0.0.0 202.100.212.5

ISP(config)#ip route 0.0.0.0 0.0.0.0 202.100.212.6
```

（4）在交换机 DS-1 和 DS-2 上配置端口安全保护功能，用于防范来自用户区的 MAC 地址洪泛攻击。将连接用户区的 Fa 0/1 和 Fa 0/2 端口配置为粘性安全 MAC 地址，限制每个端口最多学习 3 个 MAC 地址。当发生违规行为时，阻止后续违规流量通过，同时不影响发送系统日志消息。交换机 DS-1 的配置如下[①]。交换机 DS-2 的配置与此相同。

```
DS-1(config)#int range F0/1-2
DS-1(config-if-range)#switchport port-security mac-address stick
DS-1(config-if-range)#switchport port-security maximum 3
DS-1(config-if-range)#switchport port-security violation restrict
```

（5）在连接监控设备的核心交换机 CS 上配置端口镜像，以实现网络监控设备对财务部、学生宿舍区网络通信的监控；将连接财务部和学生宿舍区的 Gig 0/1 和 Gig 0/2 端口设置为镜像源端口，连接网络监控主机的 Fa 0/2 端口配置为镜像目的端口，具体配置如下。

```
//以下是真机的配置命令。Packet Tracer 仅支持配置一个镜像源端口
CS(config)#monitor session 1 source interface g0/1-2 both
CS(config)#monitor session 1 destination int f0/2
```

（6）在出口路由器 R1 上进行配置，以实现禁止学生宿舍区网段 192.168.3.0/24 和 192.168.4.0/24 访问 Web 服务。

```
R1(config)#access-list 101 deny tcp 192.168.3.0 0.0.0.255 host 10.0.0.2 eq 80
R1(config)#access-list 101 deny tcp 192.168.4.0 0.0.0.255 host 10.0.0.2 eq 80
R1(config)#access-list 101 permit ip any any
R1(config)#int g0/0
R1(config-if)#ip access-group 101 in
```

（7）禁止除内网用户以外的用户访问 FTP 服务。

```
R1(config)#access-list 102 permit tcp 192.168.1.0 0.0.0.255 host 10.0.0.2 eq ftp
R1(config)#access-list 102 permit tcp 192.168.2.0 0.0.0.255 host 10.0.0.2 eq ftp
R1(config)#access-list 102 permit tcp 192.168.3.0 0.0.0.255 host 10.0.0.2 eq ftp
R1(config)#access-list 102 permit tcp 192.168.4.0 0.0.0.255 host 10.0.0.2 eq ftp
R1(config)#access-list 102 permit tcp 192.168.5.0 0.0.0.3 host 10.0.0.2 eq ftp
R1(config)#access-list 102 permit tcp 192.168.5.4 0.0.0.3 host 10.0.0.2 eq ftp
R1(config)#access-list 102 permit tcp 192.168.5.8 0.0.0.3 host 10.0.0.2 eq ftp
```

---

① 本书中使用 F 表示 FastEthernet。

```
R1(config)#access-list 102 permit tcp 192.168.5.12 0.0.0.3 host 10.0.0.2 eq ftp
R1(config)#access-list 102 permit tcp 202.100.212.4 0.0.0.3 host 10.0.0.2 eq ftp
R1(config)#access-list 102 permit tcp 192.168.254.0 0.0.0.255 host 10.0.0.2 eq ftp
R1(config)#access-list 102 permit tcp 192.168.253.0 0.0.0.255 host 10.0.0.2 eq ftp
R1(config)#access-list 102 deny tcp any host 10.0.0.2 eq ftp
R1(config)#access-list 102 permit ip any any
R1(config)#int g0/1
R1(config-if)#ip access-group 102 out
```

8.3.5　项目测试

（1）使用"show access-lists"命令查看出口路由器 R1 中配置的 ACL，结果如图 8-19 所示。

```
R1#show access-lists
Extended IP access list 101
    10 deny tcp 192.168.3.0 0.0.0.255 host 10.0.0.2 eq www
    20 deny tcp 192.168.4.0 0.0.0.255 host 10.0.0.2 eq www
    30 permit ip any any (408 match(es))
Extended IP access list 102
    10 permit tcp 192.168.1.0 0.0.0.255 host 10.0.0.2 eq ftp
    20 permit tcp 192.168.2.0 0.0.0.255 host 10.0.0.2 eq ftp
    30 permit tcp 192.168.3.0 0.0.0.255 host 10.0.0.2 eq ftp
    40 permit tcp 192.168.4.0 0.0.0.255 host 10.0.0.2 eq ftp
    50 permit tcp 192.168.5.4 0.0.0.3 host 10.0.0.2 eq ftp
    60 permit tcp 192.168.5.8 0.0.0.3 host 10.0.0.2 eq ftp
    70 permit tcp 192.168.5.16 0.0.0.3 host 10.0.0.2 eq ftp
    80 permit tcp 192.168.5.16 0.0.0.3 host 10.0.0.2 eq ftp
    90 permit tcp 202.100.212.4 0.0.0.3 host 10.0.0.2 eq ftp
    100 permit tcp 192.168.254.0 0.0.0.255 host 10.0.0.2 eq ftp
    110 permit tcp 192.168.253.0 0.0.0.255 host 10.0.0.2 eq ftp
    120 deny tcp any host 10.0.0.2 eq ftp
    130 permit ip any any
```

图 8-19　路由器 R1 中配置的 ACL

（2）开启 Web 服务。打开"服务器"窗口，选择"Services"选项卡，选择左侧的"HTTP"选项；选中右侧"HTTP"选区中的"On"单选按钮和"HTTPS"选区中的"On"单选按钮，如图 8-20 所示。

图 8-20　开启 Web 服务

（3）测试 PC2 是否能够 ping 通服务器。打开"PC2"窗口，选择"Desktop"选项卡（见图 8-21），选择"Command Prompt"（命令控制台）选项，在打开的命令控制台中输入"ping 10.0.0.2"命令并按"Enter"键，测试 PC2 与服务器的连通性，如图 8-22 所示。

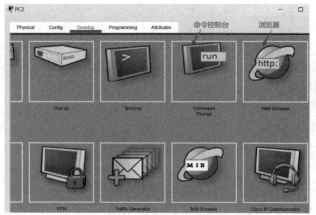

图 8-21 选择"Desktop"选项卡

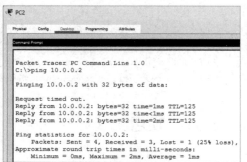

图 8-22 PC2 与服务器的连通性

图 8-23 PC2 访问 Web 服务失败

（4）关闭命令控制台，选择"Web Browser"选项（见图 8-21），打开浏览器窗口，在"URL"文本框中输入服务器的 IP 地址 10.0.0.2，并按"Enter"键，访问 Web 服务，结果为访问失败，如图 8-23 所示。

（5）开启 FTP 服务并添加用户。打开"服务器"窗口，选择"Services"选项卡，选择左侧的"FTP"选项；选中右侧"FTP"选区中的"On"单选按钮；系统默认的登录用户为 cisco，此处可以自由添加用户，如在"Username"选区中添加用户 test，并设置密码为 123456，单击"Add"按钮，如图 8-24 所示。

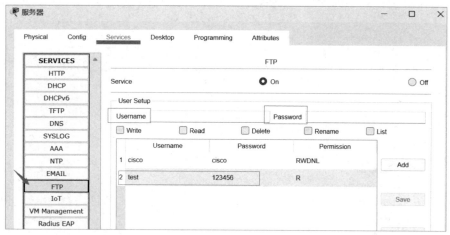

图 8-24 开启 FTP 服务并添加用户

（6）打开学生宿舍区的主机 PC3 窗口，打开 PC3 的命令控制台，输入"ftp 10.0.0.2"命令并按"Enter"键，直到命令控制台出现"Username："提示文字，输入"test"命令并按"Enter"键；此时，命令控制台会出现"Password："提示文字，输入"123456"命令并按"Enter"键，如图 8-25 所示。当命令控制台出现"ftp>"提示文字时，表示访问 FTP 服务成功。参考同样的方法使用财务部的主机 PC4 访问 FTP 服务，或者通过命令下载服务器中的"asa842-k8.bin"文件，如图 8-26 所示。

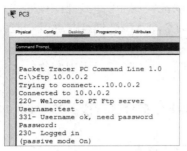

图 8-25　PC3 访问 FTP 服务成功

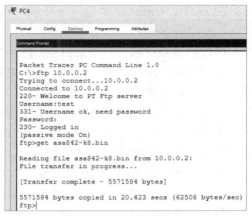

图 8-26　PC4 访问 FTP 服务成功

（7）打开外网主机 PC1 的命令控制台，输入"ping 10.0.0.2"命令并按"Enter"键，测试其与服务器的连通性，再次输入"ftp 10.0.0.2"命令并按"Enter"键，此时命令控制台会提示访问 FTP 服务超时，表示访问失败，如图 8-27 所示。

图 8-27　PC1 访问 FTP 服务失败

8.3.6　任务书

一、实训目的

（1）通过项目实践，理解不同厂家的网络设备在默认安全策略不同时，ACL 的工作方式也会有所不同，掌握通过规划部署 ACL 实现复杂流量过滤整形的方法，掌握实现网络安全监控的方法。

（2）树立网络安全意识，增强法律意识，培养爱国情怀。

二、实训要求

某公司的网络拓扑结构如图 8-18 所示，请完成以下配置任务。

（1）在 Packet Tracer 中构建网络环境，为网络设备和主机配置接口 IP 地址，并进行验证。

（2）规划配置 OSPF，以实现全网互通，并进行验证。

（3）在交换机 DS-1 和 DS-2 上配置端口安全保护功能，用于防范来自用户区的 MAC 地址洪泛攻击；限制每个已划分 VLAN 的端口最多学习 3 个 MAC 地址，并且一旦发生违规行为，就阻止后续违规流量通过，同时不影响发送系统日志消息。

（4）在连接网络监控设备的核心交换机 CS 上配置端口镜像，以实现网络监控设备对财务部、学生宿舍区的网络通信的监控。

（5）在出口路由器 R1 上进行配置，以实现禁止学生宿舍区网段 192.168.3.0/24 和 192.168.4.0/24 访问服务器中的 Web 服务。

（6）禁止除内网用户以外的用户访问服务器中的 FTP 服务。

（7）测试是否能够满足安全访问控制需求。

三、评分标准

（1）网络拓扑结构布局简洁、美观，标注清晰。（10%）

（2）正确配置，能够实现全网互通。（10%）

（3）规划部署 ACL 正确，能够实现安全访问控制需求。（40%）

（4）规划部署正确，能够实现网络安全监控需求。（20%）

（5）测试结果符合要求。（20%）

四、设备配置截图

五、测试结果截图

六、教师评语
实验成绩：　　　　　　　　　　　　教师：

习题 8

一、单选题

1．如果在一个接口上使用了"traffic-filter"命令，但没有创建相应的规则，则此接口将（　　）。

A．拒绝所有的数据包 inbound

B．拒绝所有的数据包 outbound

C．拒绝所有的数据包 inbound、outbound

D．允许所有的数据包 inbound、outbound

2．基本 ACL 的数字标识范围是（　　）。

A．1000～1999 　　　　　　　　B．1～99

C．2000～2999 　　　　　　　　D．3000～3999

3．基本 ACL 以（　　）为判别条件。

A．数据包的大小 　　　　　　　B．数据包的源地址

C．数据包的端口号 　　　　　　D．数据包的目的地址

4．华为路由器 ACL 默认的过滤模式是（　　）。

A．拒绝所有 　　　　　　　　　B．允许所有

C．必须配置 　　　　　　　　　D．以上都不正确

5．关于对路由器的 ACL 设置规则的描述，以下不正确的是（　　）。

A．一个访问列表可以由多条规则组成

B．一个接口只可以应用一个访问列表

C．对冲突规则判断的依据是深度优先

D．如果定义了一个访问列表但没有将其应用到接口上，则华为路由器默认允许所有数据包通过

二、问答题

什么是 ACL？其主要应用于哪些场景？

项目 9

使用认证技术加固网络通信

《中华人民共和国密码法》第九条 国家鼓励和支持密码科学技术研究和应用，依法保护密码领域的知识产权，促进密码科学技术进步和创新。国家加强密码人才培养和队伍建设，对在密码工作中作出突出贡献的组织和个人，按照国家有关规定给予表彰和奖励。

第十条 国家采取多种形式加强密码安全教育，将密码安全教育纳入国民教育体系和公务员教育培训体系，增强公民、法人和其他组织的密码安全意识。

知识目标

（1）了解 PPP、AAA 的应用背景。

（2）掌握 PPP、AAA 的工作原理。

（3）掌握使用 PPP、AAA 技术加固网络通信的方法。

能力目标

（1）具有简单安全需求分析的能力。

（2）具有使用 PPP、AAA 技术实现安全防护的能力。

素质目标

（1）树立终身学习的理念和培养终身学习的习惯。

（2）培养严谨细致的工作作风。

（3）增强全局意识和责任意识。

任务 9.1　PPP 认证配置与监听分析

规划部署 PPP-　　规划部署 PPP-
PAP 认证加固　　CHAP 认证加固
　　通信　　　　　　通信

9.1.1　PPP 的工作原理

1. PPP 的基本组成及通信原理

PPP（Point to Point Protocol，点对点协议）是一种在点对点连接上传输多协议数据包的标准方法。PPP 的设计目的主要是通过拨号或专线方式建立点对点连接来发送数据，从而成为各种主机、网桥和路由器之间简单连接的一种通用解决方案。PPP 包括 LCP（链路控制协议）和一系列 NCP（网络控制协议）、认证协议 3 部分。其中，LCP 用于建立、配置和测试数据链路连接；NCP 用于建立和配置不同网络层协议；认证协议主要用于在链路建立阶段进行身份验证。

在点对点链路上建立通信会话的过程分为链路建立阶段、认证阶段及网络层协商阶段。在链路建立阶段，通信双方首先发送 LCP 包来配置数据连接。当链路建立之后，如果链路要求进行认证，则必须在链路建立阶段指定认证协议配置选项，并进入网络层协商阶段。通常，在终端或路由器设备上通过 PPPOE 或专线连接 PPP 网络服务器。服务器会使用主机或路由器的标识选择网络层协商选项。

2. PPP 认证协议

PPP 通过提供验证协议 CHAP（Challenge-Handshake Authentication Protocol，挑战式握手验证协议）和 PAP（Password Authentication Protocol，密码验证协议）来提高通信的安全性。

PAP 通过二次握手进行身份验证，口令是明文形式的，并且验证过程仅在链路建立阶段进行；当链路建立之后，被验证者反复向验证者发送自己的用户名和密码，直到验证成功或连接中断。PAP 的安全性较低，密码在链路上以明文形式进行传输，容易被截获，并且没有重放、反复尝试、错误攻击等保护。

PAP 认证的规划部署过程如下。

（1）认证端。

① 配置本端 PPP 的认证模式为 PAP，并执行"aaa"命令，进入 AAA 视图。

② 配置 PAP 认证所使用的用户名和密码，并执行"local-user 用户名 password cipher 密码"命令。

③ 配置该用户的通信服务类型为 PPP，并执行"local-user 用户名 service-type ppp"命令。

④ 进入认证端口，启用 PPP，并执行"link-protocol ppp"命令。

⑤ 配置 PPP 认证模式为 PAP，并执行"ppp authentication-mode pap"命令。

在配置完 PPP 后，关闭认证双方相连的接口，过一段时间后再重新打开，使认证双方之间的链路重新进行协商，并查看链路状态和测试网络的连通性。

（2）被认证端。

① 在被认证端进入与认证端相连的接口，启用 PPP，并执行"link-protocol ppp"命令。

② 配置当以 PAP 认证模式进行验证时，使用本地发送的 PAP 用户名和密码，并执行"ppp pap local-user 用户名 password cipher 密码"命令。

③ 查看链路状态，并执行"dis ip int brief"命令。

④ 测试网络的连通性，并监控认证过程中的数据传输。

CHAP 是三次握手验证协议，在网络上仅传输用户名，不传输用户密码，因此安全性比 PAP 的高。在链路建立阶段，CHAP 用于进行身份认证。一旦链路建立完成，随时可以进行再次验证。当链路建立后，验证方会发送一个"challenge"报文给被验证方；被验证方经过一次 Hash 算法后，返回一个值给验证方；验证方把自己经过 Hash 算法生成的值与被验证方返回的值进行比较。如果两者匹配，则验证通过，否则验证不通过，并终止连接。

CHAP 认证的规划部署过程如下。

（1）认证端。

① 配置本端 PPP 的认证模式为 CHAP，并执行"aaa"命令，进入 AAA 视图。

② 配置 CHAP 认证所使用的用户名和密码，并执行"local-user 用户名 password cipher 密码"命令。

③ 配置该用户的通信服务类型为 PPP，并执行"local-user 用户名 service-type ppp"命令。

④ 进入认证端口，启用 PPP，并执行"link-protocol ppp"命令。

⑤ 配置 PPP 认证模式为 CHAP，并执行"ppp authentication-mode chap"命令。

在配置完 PPP 后，关闭认证双方相连的接口，过一段时间后再重新打开，使认证双方之间的链路重新进行协商，并查看链路状态和测试网络的连通性。

（2）被认证端。

① 在被认证端进入与认证端连接的接口，启用 PPP，并执行"link-protocol ppp"命令。

② 配置当以 CHAP 认证模式进行验证时，使用本地发送的 CHAP 用户名和密码，并执行"ppp chap user 用户名"和"ppp chap password cipher 密码"命令。

③ 查看链路状态，并执行"dis ip int brief"命令。

④ 测试网络的连通性，并监控认证过程中的数据传输。

9.1.2 项目背景

学校因为发展，需要在新都建立新校区，并租用专线以实现龙泉校区与新都校区网络的互联。其中，网络拓扑结构及 IP 地址分配如图 9-1 所示。为了保证两个校区远程通信的安全，需要在出口路由器上配置 PPP 认证，以实现安全互联。

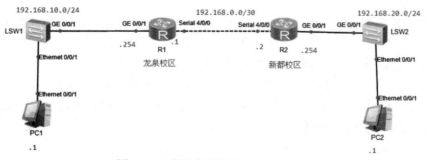

图 9-1 网络拓扑结构及 IP 地址分配

9.1.3 项目规划设计

根据学校的网络建设背景及需求，可做如下规划。

（1）规划静态路由，以实现全网互通。

（2）在路由器 R1 和 R2 上规划配置 PPP 认证，使用 PAP 密码进行验证，其中认证用户名为 cdhy、密码为 123456，以实现安全互联。

（3）使用 Wireshark 监听路由器 R1 和 R2 的 Serial 4/0/0 接口的通信数据，同时监听通信过程中的认证口令。

（4）在路由器 R1 和 R2 上规划配置 PPP 认证，使用 CHAP 密码进行验证，其中认证用户名为 cdhy、密码为 123456。

（5）使用 Wireshark 监听路由器 R1 和 R2 的 Serial 4/0/0 接口的通信数据，同时监听通信过程中的认证口令。

（6）进行测试。

9.1.4 项目部署实施

（1）按照图 9-1，配置路由器接口和主机的 IP 地址（略）。

（2）规划静态路由，以实现全网互通。

```
[R1]ip route-static 192.168.20.0  255.255.255.0  s4/0/0
[R2]ip route-static 192.168.10.0  255.255.255.0  s4/0/0
```

（3）将路由器 R1 作为认证端，配置本端 PPP 的认证模式为 PAP；执行 "aaa" 命令，进入 AAA 视图，配置 PAP 认证所使用的用户名（cdhy）和密码（123456）。

```
[R1]aaa
[R1-aaa]local-user cdhy password cipher 123456
[R1-aaa]local-user cdhy service-type ppp
[R1-aaa]int s4/0/0
[R1-Serial4/0/0]link-protocol ppp
[R1-Serial4/0/0]ppp authentication-mode pap
```

（4）在配置完 PPP 后，关闭路由器 R1 与 R2 相连的接口，过几秒之后再重新打开，使 R1 与 R2 之间的链路重新进行协商，并查看链路状态和测试网络的连通性。

```
[R1]interface Serial 4/0/0
[R1-Serial4/0/0]shutdown
[R1-Serial4/0/0]undo shutdown
[R1]dis ip interface brief
```

查看路由器 R1 的接口配置情况，结果如图 9-2 所示。

在路由器 R1 上输入 "ping 192.168.0.2" 命令，会提示 "Request time out"。

由此可知，目前路由器 R1 和 R2 之间无法进行通信，链路状态正常，但是链路层协议状态不正常。这是因为 PPP 链路上的 PAP 认证未成功通过。

```
[R1]dis ip int brief
*down: administratively down
^down: standby
(l): loopback
(s): spoofing
The number of interface that is UP in Physical is 3
The number of interface that is DOWN in Physical is 3
The number of interface that is UP in Protocol is 2
The number of interface that is DOWN in Protocol is 4

Interface                        IP Address/Mask        Physical    Protocol
GigabitEthernet0/0/0             unassigned             down        down
GigabitEthernet0/0/1             192.168.10.254/24      up          up
GigabitEthernet0/0/2             unassigned             down        down
NULL0                            unassigned             up          up(s)
Serial4/0/0                      192.168.0.1/30         up          down
Serial4/0/1                      unassigned             down        down
```

图 9-2　路由器 R1 的接口配置情况

（5）在对端路由器 R2 上配置 PAP 验证，将其作为被认证端。在路由器 R2 的 Serial 4/0/0 接口上配置当以 PAP 认证模式进行验证时，发送 PAP 用户名（cdhy）和密码（123456）。

```
[R2]int s4/0/0
[R2-Serial4/0/0]link-protocol ppp
[R2-Serial4/0/0]ppp pap local-user cdhy password cipher 123456
```

（6）在路由器 R2 上使用"dis ip int br"命令查看链路状态，结果如图 9-3 所示。

```
[R2]dis ip int br
*down: administratively down
^down: standby
(l): loopback
(s): spoofing
The number of interface that is UP in Physical is 3
The number of interface that is DOWN in Physical is 3
The number of interface that is UP in Protocol is 3
The number of interface that is DOWN in Protocol is 3

Interface                        IP Address/Mask        Physical    Protocol
GigabitEthernet0/0/0             unassigned             down        down
GigabitEthernet0/0/1             192.168.20.254/24      up          up
GigabitEthernet0/0/2             unassigned             down        down
NULL0                            unassigned             up          up(s)
Serial4/0/0                      192.168.0.2/30         up          up
Serial4/0/1                      unassigned             down        down
```

图 9-3　路由器 R2 的链路状态 1

由图 9-3 可知，此时路由器 R1 与 R2 之间的链路层协议状态正常。

（7）测试 PC1 与 PC2 的连通性，并监听路由器 R1 的 Serial 4/0/0 接口和路由器 R2 的 Serial 4/0/0 接口的通信数据。注意：在开启 Wireshark 之前，需要先关闭 Serial 4/0/0 接口，再重新开启，以便让路由器 R1 与 R2 之间的链路重新进行认证。这样才能捕获认证数据。二次握手验证过程中的数据包如图 9-4 所示。

```
35 72.984000 N/A     N/A PPP PAP     20 Authenticate-Request (Peer-ID='cdhy', Password='123456')
36 73.000000 N/A     N/A PPP PAP     52 Authenticate-Ack (Message='Welcome to use Quidway ROUTER, Huawei Tech.')
```

图 9-4　二次握手验证过程中的数据包

第一次握手时发送的请求验证数据包如图 9-5 所示。

第二次握手时发送的确认验证数据包如图 9-6 所示。

```
> Frame 35: 20 bytes on wire (160 bits), 20 bytes captured (160 bits) on interface -, id 0
> Point-to-Point Protocol
∨ PPP Password Authentication Protocol
    Code: Authenticate-Request (1)
    Identifier: 1
    Length: 16
    ∨ Data
        Peer-ID-Length: 4
        Peer-ID: cdhy
        Password-Length: 6
        Password: 123456
```

图 9-5　第一次握手时发送的请求验证数据包 1

```
> Frame 196: 52 bytes on wire (416 bits), 52 bytes captured (416 bits) on interface -, id 0
∨ Point-to-Point Protocol
    Address: 0xff
    Control: 0x03
    Protocol: Password Authentication Protocol (0xc023)
∨ PPP Password Authentication Protocol
    Code: Authenticate-Ack (2)
    Identifier: 1
    Length: 48
    ∨ Data
        Message-Length: 43
        Message: Welcome to use Quidway ROUTER, Huawei Tech.
```

图 9-6　第二次握手时发送的确认验证数据包

（8）CHAP 认证模式的配置、验证与 PAP 认证模式的配置、验证类似。首先，配置认证端 R1，将其认证模式配置为 CHAP，认证用户名配置为 cdhy，密码配置为 123456。

```
[R1]aaa
[R1-aaa]local-user cdhy password cipher 123456
[R1-aaa]local-user cdhy service-type ppp
[R1]interface Serial 4/0/0
[R1-Serial4/0/0]link-protocol ppp
[R1-Serial4/0/0]ppp authentication-mode chap
```

然后，关闭路由器 R1 与 R2 相连的接口，过几秒之后再重新打开，使 R1 与 R2 之间的链路重新进行协商，并输入"dis ip int br"命令查看链路状态和网络的连通性，结果如图 9-7 所示。

```
[R1]dis ip int br
*down: administratively down
^down: standby
(l): loopback
(s): spoofing
The number of interface that is UP in Physical is 3
The number of interface that is DOWN in Physical is 3
The number of interface that is UP in Protocol is 2
The number of interface that is DOWN in Protocol is 4

Interface                     IP Address/Mask      Physical    Protocol
GigabitEthernet0/0/0          unassigned           down        down
GigabitEthernet0/0/1          192.168.10.254/24    up          up
GigabitEthernet0/0/2          unassigned           down        down
NULL0                         unassigned           up          up(s)
Serial4/0/0                   192.168.0.1/30       up          down
Serial4/0/1                   unassigned           down        down
```

图 9-7　查看链路状态和网络的连通性

```
[R1]ping 192.168.0.2
PING 192.168.0.2: 56 data bytes, press CTRL_C to break
Request time out
```

由图 9-7 可知，此时路由器 R1 和 R2 之间无法正常进行通信，链路物态正常，但是链路层协议状态不正常，这是因为此时 PPP 链路上的 CHAP 认证未成功通过。

（9）配置被认证端 R2，在 Serial 4/0/0 接口下配置以 CHAP 认证模式进行验证，认证的用户名为 cdhy、密码为 123456。

```
[R2]int s4/0/0
[R2-Serial4/0/0]link-protocol ppp
[R2-Serial4/0/0]ppp chap user cdhy
[R2-Serial4/0/0]ppp chap password 123456
```

步骤（6）查看了路由器 R2 的链路状态，此时再次查看 R2 的链路状态，结果如图 9-8 所示。

```
[R2]dis ip int br
*down: administratively down
^down: standby
(l): loopback
(s): spoofing
The number of interface that is UP in Physical is 3
The number of interface that is DOWN in Physical is 3
The number of interface that is UP in Protocol is 3
The number of interface that is DOWN in Protocol is 3

Interface                    IP Address/Mask        Physical   Protocol
GigabitEthernet0/0/0         unassigned             down       down
GigabitEthernet0/0/1         192.168.20.254/24      up         up
GigabitEthernet0/0/2         unassigned             down       down
NULL0                        unassigned             up         up(s)
Serial4/0/0                  192.168.0.2/30         up         up
Serial4/0/1                  unassigned             down       down
```

图 9-8　路由器 R2 的链路状态 2

此时，路由器 R1 与 R2 之间的链路协议状态正常。

（10）测试 PC1 与 PC2 之间的连通性，并监听路由器 R1 的 Serial 4/0/0 接口和 R2 的 Serial 4/0/0 接口的通信数据。三次握手过程中的数据包如图 9-9 所示。

```
14 21.375000    N/A   N/A   PPP CHAP   25 Challenge (NAME='', VALUE=0x978daf01b614d73346550e051dba843e)
15 21.391000    N/A   N/A   PPP CHAP   29 Response (NAME='cdhy', VALUE=0xfea243f65e136edb0baba15f16bdf06e)
16 21.391000    N/A   N/A   PPP CHAP   20 Success (MESSAGE='Welcome to .')
```

图 9-9　三次握手过程中的数据包

第一次握手时发送的请求验证数据包如图 9-10 所示。

```
> Frame 14: 25 bytes on wire (200 bits), 25 bytes captured (200 bits) on interface -, id 0
v Point-to-Point Protocol
    Address: 0xff
    Control: 0x03
    Protocol: Challenge Handshake Authentication Protocol (0xc223)
v PPP Challenge Handshake Authentication Protocol
    Code: Challenge (1)
    Identifier: 1
    Length: 21
  v Data
      Value Size: 16
      Value: 97 8d af 01 b6 14 d7 33 46 55 0e 05 1d ba 84 3e
```

图 9-10　第一次握手时发送的请求验证数据包 2

第二次握手时发送的响应数据包如图 9-11 所示。

```
> Frame 15: 29 bytes on wire (232 bits), 29 bytes captured (232 bits) on interface -, id 0
˅ Point-to-Point Protocol
     Address: 0xff
     Control: 0x03
     Protocol: Challenge Handshake Authentication Protocol (0xc223)
˅ PPP Challenge Handshake Authentication Protocol
     Code: Response (2)
     Identifier: 1
     Length: 25
   ˅ Data
        Value Size: 16
        Value: fe a2 43 f6 5e 13 6e db 0b ab a1 5f 16 bd f0 6e
        Name: cdhy
```

图 9-11   第二次握手时发送的响应数据包

第三次握手时发送的验证成功数据包如图 9-12 所示。

```
> Frame 16: 20 bytes on wire (160 bits), 20 bytes captured (160 bits) on interface -, id 0
˅ Point-to-Point Protocol
     Address: 0xff
     Control: 0x03
     Protocol: Challenge Handshake Authentication Protocol (0xc223)
˅ PPP Challenge Handshake Authentication Protocol
     Code: Success (3)
     Identifier: 1
     Length: 16
     Message: Welcome to .
```

图 9-12   第三次握手时发送的验证成功数据包

9.1.5 任务书

一、实训目的

（1）通过项目实践，理解 PPP 的工作原理及应用，掌握通过规划部署 PPP 认证实现远程网络之间的数据安全通信。

（2）树立网络安全意识，培养良好的职业道德。

二、实训要求

学校因为发展，需要在新都建立新校区，并租用专线以实现龙泉校区与新都校区网络的互联。为了保障通信线路的数据安全，需要在两个校区的出口路由器上配置安全认证，以实现安全通信。其中，网络拓扑结构及 IP 地址分配如图 9-1 所示，具体要求如下。

（1）龙泉校区出口路由器 R1 上使用 Serial 4/0/0 接口与新都校区出口路由器 R2 进行互联。

（2）在出口路由器 R1 和 R2 上规划配置 PPP 认证，并使用 PAP 认证模式进行验证，其中认证用户名为 cdhy、密码为 123456，以实现安全互联。

（3）使用 Wireshark 监听出口路由器 R1 和 R2 上 Serial 4/0/0 接口的通信数据，同时监听通信过程中的认证口令。

（4）在出口路由器 R1 和 R2 上规划配置 PPP 认证，并使用 CHAP 认证模式进行验证，其中认证用户名为 cdhy、密码为 123456。

（5）使用 Wireshark 监听出口路由器 R1 和 R2 上 Serial 4/0/0 接口的通信数据，同时监听通信过程中的认证口令。

三、评分标准

（1）网络拓扑结构布局简洁、美观，标注清晰。（10%）

（2）正确配置，能够实现全网互通。（10%）

（3）规划部署 PPP 正确，能够实现安全通信。（40%）

（4）监听通信数据过程正确，并截取认证过程中的用户名和密码。（40%）

四、设备配置截图

五、测试结果截图

六、教师评语

实验成绩：　　　　　　　　　　　　　　　　教师：

任务 9.2　基于服务器的 AAA 认证配置

规划部署 AAA 认证加
固通信-基本网络配置

9.2.1　AAA 的工作原理

AAA 是 Authentication（认证）、Authorization（授权）和 Accounting（计费）的简称，它提供了认证、授权、计费 3 种安全功能。

认证：验证用户的身份和可使用的网络服务。

授权：根据认证结果为用户开放网络服务。

计费：记录用户对各种网络服务的用量，并将记录的数据提供给计费系统。

（1）认证：AAA 支持的认证模式包括不认证、本地认证和远端认证。

不认证：完全信任用户，不对用户身份进行合法性检查。考虑到安全因素，这种认证模式很少被采用。

本地认证：将用户信息（包括用户名、密码等）配置在本地的接入服务器上。本地认证的优点是处理速度快、运营成本低，缺点是存储信息量受设备硬件条件限制。在实际解决方案中，通常使用路由器作为 AAA 服务器。这种认证模式常被用于小型网络。

远端认证：将用户信息配置在认证服务器上。AAA 支持通过 Radius 协议或 HWTACACS 协议进行远端认证。用户可以通过 AAA 服务器进行身份认证，这种认证模式常被用于大型网络。

（2）授权：AAA 支持的授权方式包括不授权、本地授权和远端授权。

不授权：不对用户进行授权处理。

本地授权：根据接入服务器上配置的本地用户账号的相关属性进行授权。

远端授权：由 Radius 协议或 HWTACACS 协议进行授权。其中，Radius 协议中的认证和授权是绑定在一起的，不能单独使用 Radius 协议进行授权。

如果在一个授权方案中使用多种授权方式，则这些授权方式将按照配置顺序生效，不授权方式最后生效。

（3）计费：用于监控授权用户网络行为和网络资源使用情况。AAA 支持的计费方式包括不计费和计费。

不计费：为用户提供免费上网服务，不产生相关活动日志。

计费：通过 Radius 服务器或 HWTACACS 服务器进行计费。

（4）AAA 认证的配置过程如下。

① 本地认证。

- 创建认证用户信息，并执行"username 用户名 password 密码"命令。
- 进入 AAA 视图，并执行"aaa new-model"命令。
- 配置认证登录为本地认证，并执行"aaa authentication login default local"命令。
- 进入控制口，并执行"line console 0"命令。
- 配置在进行登录时采用默认认证模式，并执行"login authentication default"命令。
- 配置在进行 VTY 连接时采用本地认证，并执行"aaa authentication login telnet-login local"命令。
- 进入虚拟终端，并执行"line vty 0 4"命令。
- 配置登录认证为 telnet-login，并执行"login authentication telnet-login"命令。

② 在路由器上配置基于 Cisco 的 TACACS+服务器的 AAA 认证。

- 创建认证用户信息，并执行"username 用户名 password 密码"命令。
- 配置认证服务器的 IP 地址，并执行"tacacs-server host X.X.X.X"命令。
- 配置与认证服务器进行通信时的密码，并执行"tacacs-server key 通信口令"命令。
- 进入 AAA 视图，并执行"aaa new-model"命令。
- 配置认证模式为 TACACS+服务器，并执行"aaa authentication login default group tacacs+ local"命令。

- 进入控制口，并执行"line console 0"命令。
- 配置在进行登录时采用默认认证模式，并执行"login authentication default"命令。
- 配置在进行 VTY 连接时采用本地认证，并执行"aaa authentication login telnet-login local"命令。
- 进入虚拟终端，并执行"line vty 0 4"命令。
- 配置登录认证为 telnet-login，并执行"login authentication telnet-login"命令。

③ 在路由器上配置基于 Radius 服务器的 AAA 认证。

- 创建认证用户信息，并执行"username 用户名 password 密码"命令。
- 配置认证服务器的 IP 地址，并执行"tacacs-server host X.X.X.X"命令。
- 配置与认证服务器进行通信时的密码，并执行"tacacs-server key 通信口令"命令。
- 进入 AAA 视图，并执行"aaa new-model"命令。
- 配置认证模式为 Radius 服务器，并执行"aaa authentication login default group radius local"命令。
- 进入控制口，并执行"line console 0"命令。
- 配置在进行登录时采用默认认证模式，并执行"login authentication default"命令。
- 配置在进行 VTY 连接时采用本地认证，并执行"aaa authentication login telnet-login local"命令。
- 进入虚拟终端，并执行"line vty 0 4"命令。
- 配置登录认证为 telnet-login，并执行"login authentication telnet-login"命令。

9.2.2　项目背景

某公司的网络拓扑结构及 IP 地址分配如图 9-13 所示。为了保障内网用户的入网安全，财务部用户入网采用本地 AAA 认证，而研发部和行政部用户入网采用公司为该部门专门搭建的 AAA 认证服务器；内网采用 OSPF 实现互通，R2 是内网性能最好的路由器。请根据以上需求，规划部署网络。

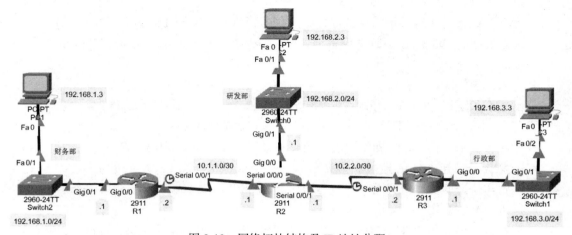

图 9-13　网络拓扑结构及 IP 地址分配

9.2.3 项目规划设计

通过分析该公司的需求，可做如下规划。

（1）内网采用 OSPF 实现互通。为了减少路由器之间选取 DR、BDR 的工作量，同时考虑到路由器 R2 的性能最好，因此将 R2 的 Router ID 设置为 3.3.3.3，R1 的 Router ID 设置为 1.1.1.1，R3 的 Router ID 设置为 2.2.2.2。

（2）由于财务部用户入网采用本地 AAA 认证，因此将路由器 R1 配置为 AAA 认证服务器。在路由器 R1 上配置本地用户账号，使用户从 Console 线路或 VTY 线路访问网络时，需要通过 AAA 认证才能登录。

（3）为研发部搭建一台 TACACS 服务器，用于研发部用户进行入网认证，使用户从 Console 线路或 VTY 线路访问网络时，需要通过 TACACS 服务器认证才能登录。

（4）为行政部搭建一台 Radius 服务器，用于行政部用户进行入网认证，使用户从 Console 线路或 VTY 线路访问网络时，需要通过 Radius 服务器认证才能登录。

规划设计后的网络拓扑结构及 IP 地址分配如图 9-14 所示。

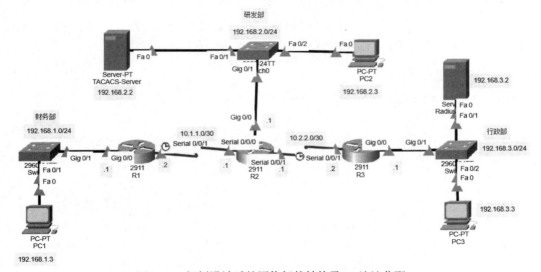

图 9-14 规划设计后的网络拓扑结构及 IP 地址分配

9.2.4 项目部署实施

（1）在路由器 R1 上配置一个本地用户账号，使用 AAA 认证通过 Console 线路或 VTY 线路进行登录。

① 本地 AAA 认证。

本地 AAA 认证与基于 TACACS 的 AAA 认证

基于 RADIUS 服务器的 AAA 认证

```
R1(config)#username qiaoli1 password qiaoli1
R1(config)# aaa new-model
R1(config)#aaa authentication login default local
R1(config)#line console 0
R1(config-line)#login authentication default
```

② VTY 连接认证。

```
R1(config)# aaa authentication login telnet-login local
R1(config)# line vty 0 4
R1(config-line)# login authentication telnet-login
```

（2）在路由器 R2 上配置基于 TACACS+服务器的 AAA 认证。

```
R2(config)#username zhangsan password zhangsan
R2(config)#tacacs-server host 192.168.2.2
R2(config)#tacacs-server key cisco123
R2(config)#aaa new-model
R2(config)#aaa authentication login default group tacacs+ local
R2(config)#line console 0
R2(config-line)#login authentication default
//VTY 连接认证
R2(config)# aaa authentication login telnet-login local
R2(config)# line vty 0 4
R2(config-line)# login authentication telnet-login
```

（3）配置 TACACS 服务器。启动 AAA 认证，将"Client IP"设置为路由器 R2 连接 TACACS 服务器 GE 0/0 接口的地址，密码设置为"cisco123"，如图 9-15 所示。

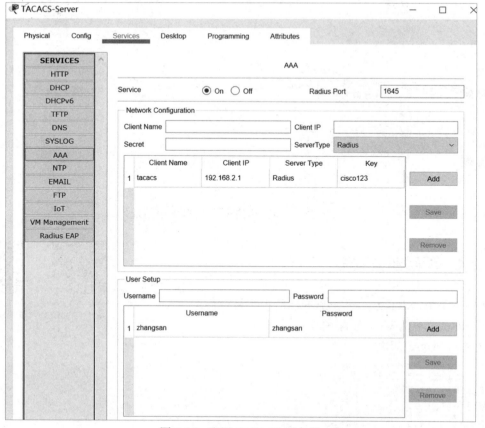

图 9-15　配置 TACACS 服务器

（4）在路由器 R3 配置基于 Radius 服务器的 AAA 认证。

```
R3(config)#username zhangsa password zhangsan
R3(config)#tacacs-server host 192.168.3.2
R3(config)#tacacs-server key cisco123
R3(config)#aaa new-model
R3(config)#aaa authentication login default group radius local
R3(config)#line console 0
R3(config-line)#login authentication default
//VTY 连接认证
R3(config)# aaa authentication login telnet-login local
R3(config)# line vty 0 4
R3(config-line)# login authentication telnet-login
```

（5）配置 Radius 服务器。启动 AAA 认证，将"Client IP"设置为路由器 R3 连接 Radius 服务器 GE 0/0 接口的地址，密码设置为"cisco123"，如图 9-16 所示。

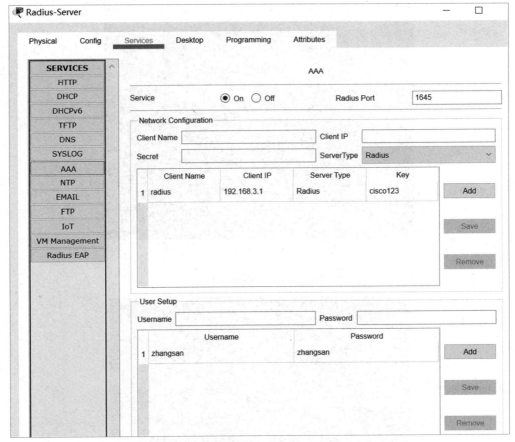

图 9-16 配置 Radius 服务器

（6）测试网络的连通性。

① 从 PC1 ping PC2，结果为可以互通，如图 9-17 所示。

```
PC>ipconfig

FastEthernet0 Connection:(default port)

   Link-local IPv6 Address.........: FE80::210:11FF:FE15:A3A0
   IP Address.....................: 192.168.1.3
   Subnet Mask....................: 255.255.255.0
   Default Gateway................: 192.168.1.1

PC>ping 192.168.2.3

Pinging 192.168.2.3 with 32 bytes of data:

Reply from 192.168.2.3: bytes=32 time=8ms TTL=126
Reply from 192.168.2.3: bytes=32 time=8ms TTL=126
Reply from 192.168.2.3: bytes=32 time=1ms TTL=126
Reply from 192.168.2.3: bytes=32 time=1ms TTL=126

Ping statistics for 192.168.2.3:
    Packets: Sent = 4, Received = 4, Lost = 0 (0% loss),
Approximate round trip times in milli-seconds:
    Minimum = 1ms, Maximum = 8ms, Average = 4ms

PC>
```

图 9-17 从 PC1 ping PC2 互通

② 从 PC1 ping PC3，结果为可以互通，如图 9-18 所示。

```
Reply from 192.168.2.3: bytes=32 time=8ms TTL=126
Reply from 192.168.2.3: bytes=32 time=8ms TTL=126
Reply from 192.168.2.3: bytes=32 time=1ms TTL=126
Reply from 192.168.2.3: bytes=32 time=1ms TTL=126

Ping statistics for 192.168.2.3:
    Packets: Sent = 4, Received = 4, Lost = 0 (0% loss),
Approximate round trip times in milli-seconds:
    Minimum = 1ms, Maximum = 8ms, Average = 4ms

PC>ping 192.168.3.3

Pinging 192.168.3.3 with 32 bytes of data:

Reply from 192.168.3.3: bytes=32 time=2ms TTL=125
Reply from 192.168.3.3: bytes=32 time=2ms TTL=125
Reply from 192.168.3.3: bytes=32 time=2ms TTL=125
Reply from 192.168.3.3: bytes=32 time=2ms TTL=125

Ping statistics for 192.168.3.3:
    Packets: Sent = 4, Received = 4, Lost = 0 (0% loss),
Approximate round trip times in milli-seconds:
    Minimum = 2ms, Maximum = 2ms, Average = 2ms

PC>
```

图 9-18 从 PC1 ping PC3 互通

③ 从 PC2 ping PC3，结果为可以互通，如图 9-19 所示。

```
PC>ipconfig

FastEthernet0 Connection:(default port)

   Link-local IPv6 Address.........: FE80::202:4AFF:FE01:7E0
   IP Address.....................: 192.168.2.3
   Subnet Mask....................: 255.255.255.0
   Default Gateway................: 192.168.1.1

PC>ping 192.168.3.3

Pinging 192.168.3.3 with 32 bytes of data:

Reply from 192.168.3.3: bytes=32 time=1ms TTL=126
Reply from 192.168.3.3: bytes=32 time=1ms TTL=126
Reply from 192.168.3.3: bytes=32 time=1ms TTL=126
Reply from 192.168.3.3: bytes=32 time=15ms TTL=126

Ping statistics for 192.168.3.3:
    Packets: Sent = 4, Received = 4, Lost = 0 (0% loss),
Approximate round trip times in milli-seconds:
    Minimum = 1ms, Maximum = 15ms, Average = 4ms

PC>
```

图 9-19 从 PC2 ping PC3 互通

9.2.5　项目测试

（1）在 PC1 上打开超级终端，验证用户登录时使用本地数据库中的用户 qiaoli1 进行 AAA 认证，结果如图 9-20 所示。

图 9-20　超级终端用户登录验证

（2）验证在进行 Telnet 登录时使用 AAA 认证，从 PC1 登录到路由器 R1，打开 PC1 的命令控制台，输入"telnet 192.168.1.1"命令并按"Enter"键，根据提示输入用户名 qiaoli1 和密码 qiaoli1，结果如图 9-21 所示。

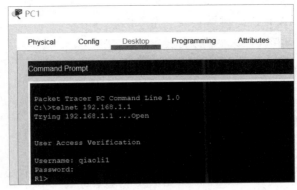

图 9-21　PC1 登录验证

（3）在 PC2 上打开超级终端，使用用户 zhangsan 登录 TACACS+服务器，结果如图 9-22 所示。

（4）在 PC3 上打开超级终端，使用用户 zhangsan 登录 Radius 服务器，结果如图 9-23 所示。

图 9-22　PC2 超级终端登录验证

图 9-23　PC3 超级终端登录验证

9.2.6　任务书

一、实训目的

（1）通过项目实践，理解 AAA 的工作原理及应用，掌握通过规划部署 AAA 认证来实现内网用户的安全入网。

（2）树立网络安全意识，培养良好的职业道德。

二、实训要求

请根据 9.2.3 节中的项目规划设计进行部署实施，具体要求如下。

（1）根据图 9-14，配置所有主机、服务器、路由器的接口 IP 地址。

（2）配置 OSPF，以实现全网互通。

（3）在路由器 R1 上配置本地用户账号，使用 AAA 认证实现通过 Console 线路或 VTY 线路进行登录。

（4）在路由器 R2 上配置基于 TACACS+服务器的 AAA 认证。

（5）在路由器 R3 上配置基于 Radius 服务器的 AAA 认证。

（6）进行测试。

三、评分标准

（1）网络拓扑结构布局简洁、美观，标注清晰。（10%）

（2）正确配置，可以实现全网互通。（20%）

（3）规划部署 AAA 正确，可以实现安全入网。（50%）

（4）测试正确。（20%）

四、设备配置截图

五、测试结果截图

六、教师评语

实验成绩：   教师：

习题 9

一、单选题

1．下面关于 PPP 配置和部署的说法，正确的是（　　）。

A．PPP 不能用于下发 IP 地址

B．PPP 支持 CHAP 和 PAP 两种认证模式

C．PPP 不支持修改 keepalive 时间

D．PPP 不支持双向认证

2．身份认证的主要目标包括确保交易者是本人，避免与超过权限的交易者进行交易和（　　）。

A．可信性　　　　　B．访问控制　　　　C．完整性　　　　　D．保密性

3．（　　）命令可以配置认证模式为 HWTACACS 认证。

A．authorization-mode hwtacacs　　　　B．authentication-mode locall

C．authentication-mode none　　　　　　D．authentication-mode hwtacacs

4．下面关于 PPP 和 PAP 认证的描述，正确的是（　　）。

A．PAP 认证是一个三次握手协议

B．PAP 的用户名是明文形式的，但是密码是加密形式的

C．PAP 的用户名是加密形式的，但密码是明文形式的

D．PAP 的用户名和密码都是明文形式的

5．AAA 中不包含（　　）。

A．Authentication（认证）　　　　　　B．Authorization（授权）

C．Audit（审计）　　　　　　　　　　D．Accounting（计费）

二、问答题

1．AAA 认证提供了哪些功能？AAA 支持的认证模式有哪些？

2．PPP 认证有哪些方式？

网络可靠技术及应用

汉代的刘向在《说苑·说丛》中说"患生于所忽，祸起于细微"。在如今快速变化的网络环境中，我们面临着诸多安全问题，其中许多源于安全意识不足。因此，我们需要树立正确的网络安全观。

知识目标

（1）了解链路聚合、VRRP 技术的应用背景。

（2）掌握链路聚合、VRRP 技术的工作原理。

（3）掌握规划配置链路聚合、VRRP 的方法。

能力目标

具有使用链路聚合、VRRP 技术提高网络可靠性的能力。

素质目标

（1）树立终身学习的理念和培养终身学习的习惯。

（2）培养严谨细致的工作作风。

（3）增强全局意识和责任意识。

任务 10.1　通过规划配置链路聚合拓展网络带宽

通过规划配置
链路聚合拓展
网络带宽

10.1.1　链路聚合的工作原理

链路聚合又被称为链路捆绑，是指将两台设备之间的多条物理链路汇聚在一起，形成一条逻辑链路，实现流量在构成聚合链路的所有物理链路之间的分担，从而提高网络连接的带宽。形成聚合链路的各个物理链路之间彼此互为动态备份，只要存在一条正常工作的物理链路，整个逻辑链路就不会失效。

交换机根据配置的端口负荷分担策略决定从哪个成员端口将数据包发送到对端的交换机中。当交换机检测到其中一个成员端口的链路发生故障时，就停止在此端口上发送数据，并根据负荷分担策略在剩下的链路中重新计算发送端口，等待故障端口恢复后再次负责发送和接收工作。

链路聚合分为二层聚合和三层聚合。二层聚合是随二层聚合端口的创建自动生成的，只包含二层以太网端口。三层聚合是随三层聚合端口的创建自动生成的，只包含三层以太网端口。

链路聚合的实现方式包括 Link-Aggregation Group、IP-Trunk 组和 Eth-Trunk 组。链路聚合的模式包括手动模式和动态协商模式（LACP 模式）。当采用手动模式时，设备会执行链路捆绑，通过负载均衡的方式利用捆绑的链路发送数据。当某条线路出现故障时，手动模式会使用其他链路发送数据。当采用 LACP 模式时，首先需要在两边的设备上创建 Eth-Trunk 逻辑端口，然后将此 Eth-Trunk 逻辑端口配置为 LACP 模式，最后将需要捆绑的物理端口添加到这个 Eth-Trunk 逻辑端口中。

LACP 模式的协商过程包括确定 LACP 主动端和确定主用链路两个阶段。首先，选择系统优先级高的交换机作为 LACP 主动端。如果系统优先级相同，则选择 MAC 地址较小的交换机作为 LACP 主动端。然后，端口优先级最高的 N 个端口与对端建立 Eth-Trunk 主用链路，其余端口为备用链路。

（1）手动配置聚合链路的过程如下。

① 创建并进入 Eth-Trunk 逻辑端口，并执行"interface eth-trunk 编号"命令。

② 向 Eth-Trunk 逻辑端口中添加成员端口，并执行"trunkport 起始端口 to 结束端口"命令。

③ 将聚合链路设置为手动模式，并执行"mode manual load-balance"命令。

④ 执行"display Eth-trunk 编号"命令检查 Eth-Trunk 逻辑端口及成员端口的状态。

另外，可以先创建 Eth-Trunk 逻辑端口，并将其指定为手动模式，再将端口加入 Eth-Trunk 逻辑端口。例如：

```
[huawei]interface Eth-Trunk 1
[huawei-Eth-Trunk1]mode manual load-balance
[huawei]interface GigabitEthernet 0/0/1
[huawei-GigabitEthernet0/0/1] Eth-trunk 1
```

（2）采用 LACP 模式配置链路聚合的过程如下。

① 创建并进入 Eth-Trunk 逻辑端口，并执行"interface eth-trunk 编号"命令。

② 启用 LACP 模式，并执行"mode lacp-static"命令。

③ 向 Eth-Trunk 逻辑端口中添加成员端口，并执行"trunkport 起始端口 to 结束端口"命令。

④ 执行"display Eth-trunk 编号"命令检查 Eth-Trunk 逻辑端口及成员端口的状态。

（3）配置 LACP 系统优先级。

① 如果配置其中一台交换机 SW1 为主动端，则需要将它的 LACP 系统优先级设置为3000，命令为"lacp priority 3000"。此处 3000 为优先级数值，可以根据需要进行设置。

② 配置 LACP 接口的优先级。进入 Eth-Trunk 逻辑端口，并执行"lacp priority 1000"命令。此处 1000 为优先级数值，可以根据需要进行设置。

10.1.2　项目背景

某公司的局域网在运营一段时间之后，用户之间的通信经常出现较大延迟和卡顿现象。经过查验，发现汇聚层交换机之间的链路拥塞。为了解决这个问题，网络管理员考虑将汇聚层三层交换机之间的两条千兆链路进行汇聚，以增加两台交换机之间的级联带宽，提高网络传输质量。该公司的拓扑结构及地址分配如图 10-1 所示。内网采用静态路由实现互通，并通过规划部署来优化网络性能。

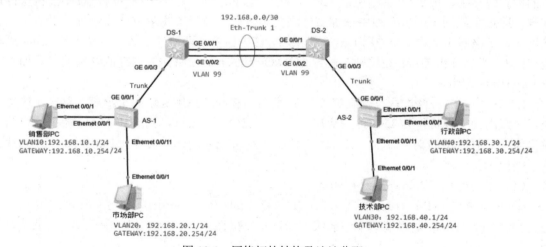

图 10-1　网络拓扑结构及地址分配

10.1.3　项目规划设计

根据该公司的通信现状，通过分析其需求，可以将两台交换机的 GE 0/0/0 和 GE 0/0/1 接口进行互联，并进行链路聚合，以提高传输带宽和增加冗余量。同时，考虑到该公司各个部门之间需要跨交换机进行 VLAN 之间的通信，因此将该聚合链路配置为 Trunk 类型，详细规划如下。

（1）在接入层交换机 AS-1 下划分 VLAN10 和 VLAN20，其中 VLAN10 用于销售部，

VLAN20 用于市场部。在接入层交换机 AS-2 下划分 VLAN30 和 VLAN40，其中 VLAN30 用于技术部，VLAN40 用于行政部。

（2）将交换机 DS-1 与 AS-1 相连，DS-2 与 AS-2 相连，DS-1 与 DS-2 通过 GE 0/0/0 和 GE 0/0/1 接口进行互联，并使用链路聚合增加交换机的级联带宽。

（3）内网采用静态路由实现互通。

VLAN 规划如表 10-1 所示。

表 10-1　VLAN 规划

VLAN ID	职能部门	设备名	对应接口	IP 地址段	网关地址
10	销售部	AS-1	Ethernet 0/0/1	192.168.10.0/24	192.168.10.254/24
20	市场部	AS-1	Ethernet 0/0/11	192.168.20.0/24	192.168.20.254/24
30	行政部	AS-2	Ethernet 0/0/1	192.168.30.0/24	192.168.30.254/24
40	技术部	AS-2	Ethernet 0/0/11	192.168.40.0/24	192.168.40.254/24

10.1.4　项目部署实施

（1）配置主机的 IP 地址（略）。

（2）在交换机上规划配置 VLAN。

① 在接入层交换机 AS-1 和 AS-2 上分别为各部门创建相应的 VLAN，并将接口划分至相应的 VLAN。

```
//接入层交换机 AS-1 的配置
[Huawei]sys
[Huawei]sysname AS-1
[AS-1]vlan batch 10 20
[AS-1]int e0/0/1
[AS-1-Ethernet0/0/1]port link-type access
[AS-1-Ethernet0/0/1]port default vlan 10
[AS-1]int e0/0/11
[AS-1-Ethernet0/0/11]port link-type access
[AS-1-Ethernet0/0/11]port default vlan 20
[AS-1]int g0/0/1
[AS-1-GigabitEthernet0/0/1]port link-type  trunk
[AS-1-GigabitEthernet0/0/1]port trunk allow-pass vlan all
//接入层交换机 AS-2 的配置
[Huawei]sys
[Huawei]sysname AS-2
[AS-2]vlan batch 30  40
[AS-2]int e0/0/1
[AS-2-Ethernet0/0/1]port link-type access
[AS-2-Ethernet0/0/1]port default vlan 30
[AS-2]int e0/0/11
[AS-2-Ethernet0/0/11]port link-type access
[AS-2-Ethernet0/0/11]port default vlan 40
[AS-2]int g0/0/1
[AS-2-GigabitEthernet0/0/1]port link-type  trunk
[AS-2-GigabitEthernet0/0/1]port trunk allow-pass vlan all
```

② 在汇聚层交换机 DS-1 和 DS-2 上创建 VLAN，并将与接入层交换机相连的接口配置为 Trunk 链路，配置 VLANIF 的 IP 地址。

```
//汇聚层交换机 DS-1 的配置
[Huawei]sys
[Huawei]sysname DS-1
[DS-1]vlan batch 10 20 99
[DS-1]int G0/0/3
[DS-1-GigabitEthernet0/0/1]port link-type  trunk
[DS-1-GigabitEthernet0/0/1]port trunk allow-pass vlan all
//汇聚层交换机 DS-2 的配置
[Huawei]sys
[Huawei]sysname DS-2
[DS-2]vlan batch 10 20 99
[DS-2]int G0/0/3
[DS-2-GigabitEthernet0/0/1]port link-type  trunk
[DS-2-GigabitEthernet0/0/1]port trunk allow-pass vlan all
```

（3）配置交换机的聚合链路。

① 在汇聚层交换机 DS-1 上创建 Eth-Trunk 1 逻辑端口，将该端口指定为手动模式，并将成员端口加入 Eth-Trunk 逻辑端口。

```
[DS-1]interface Eth-Trunk 1
[DS-1-Eth-Trunk1]mode manual load-balance
[DS-1]quit
[DS-1]interface GigabitEthernet 0/0/1
[DS-1-GigabitEthernet0/0/1] eth-trunk 1
[DS-1]interface GigabitEthernet 0/0/2
[DS-1-GigabitEthernet0/0/2] eth-trunk 1
```

② 在汇聚层交换机 DS-2 上创建 Eth-Trunk 1 逻辑端口，将该端口指定为手动模式，并将成员端口加入 Eth-Trunk 逻辑端口。

```
[DS-2]interface Eth-Trunk 1
[DS-2-Eth-Trunk1]mode manual load-balance
[DS-2]quit
[DS-2]interface GigabitEthernet 0/0/1
[DS-2-GigabitEthernet0/0/1] eth-trunk 1
[DS-2]interface GigabitEthernet 0/0/2
[DS-2-GigabitEthernet0/0/2] eth-trunk 1
```

③ 在汇聚层交换机 DS-1 上配置聚合后的链路为 Access 链路，并将聚合后的链路划分到 VLAN 99 中。

```
[DS-1]interface Eth-Trunk 1
[DS-1-Eth-Trunk1]port link-type ACCESS
[DS-1-Eth-Trunk1]port default vlan 99
```

④ 在汇聚层交换机 DS-2 上配置聚合后的链路为 Access 链路，并将聚合后的链路划分到 VLAN 99 中。

```
[DS-2]interface Eth-Trunk 1
[DS-2-Eth-Trunk1]port link-type ACCESS
[DS-2-Eth-Trunk1]port default vlan 99
```

配置 VLANIF，以实现 VLAN 之间的通信。

```
//汇聚层交换机 DS-1 的配置
[DS-1]int vlanif 10
[DS-1-vlanif10]ip add  192.168.10.254  24
[DS-1]int vlanif 20
[DS-1-vlanif20]ip add  192.168.20.254  24
[DS-1]int vlanif 99
[DS-1-vlanif99]ip add  192.168.0.1  30
//汇聚层交换机 DS-2 的配置
[DS-2]int vlanif 30
[DS-2-vlanif10]ip add  192.168.30.254  24
[DS-2]int vlanif 40
[DS-2-vlanif40]ip add  192.168.40.254  24
[DS-2]int vlanif 99
[DS-2-vlanif99]ip add  192.168.0.2  30
```

（4）在汇聚层交换机 DS-1 和 DS-2 上配置静态路由，以实现网络互通。

```
//在汇聚层交换机 DS-1 上配置路由
[DS-1]ip route-static  192.168.30.0  255.255.255.0  192.168.0.2
[DS-1]ip route-static  192.168.40.0  255.255.255.0  192.168.0.2
//在汇聚层交换机 DS-2 上配置路由
[DS-2]ip route-static  192.168.10.0  255.255.255.0  192.168.0.1
[DS-2]ip route-static  192.168.20.0  255.255.255.0  192.168.0.1
```

10.1.5　项目测试

（1）查看汇聚层交换机 DS-1 和 DS-2 的 Eth-Trunk 1 逻辑端口的状态，结果分别如图 10-2 和图 10-3 所示。

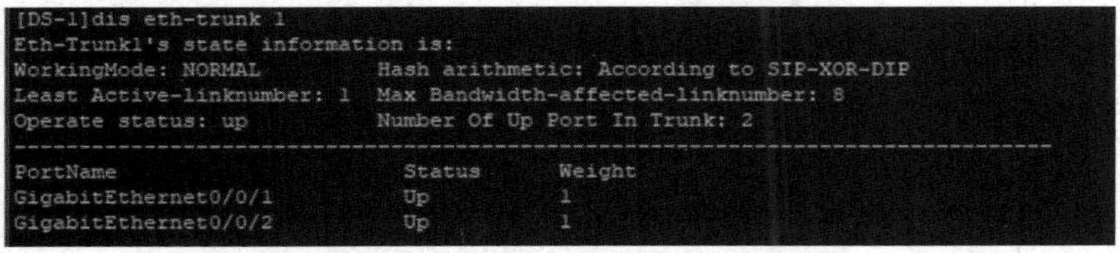

```
[DS-1]dis eth-trunk 1
Eth-Trunk1's state information is:
WorkingMode: NORMAL         Hash arithmetic: According to SIP-XOR-DIP
Least Active-linknumber: 1  Max Bandwidth-affected-linknumber: 8
Operate status: up          Number Of Up Port In Trunk: 2
--------------------------------------------------------------
PortName                  Status       Weight
GigabitEthernet0/0/1      Up           1
GigabitEthernet0/0/2      Up           1
```

图 10-2　汇聚层交换机 DS-1 的 Eth-Trunk 1 逻辑端口的状态

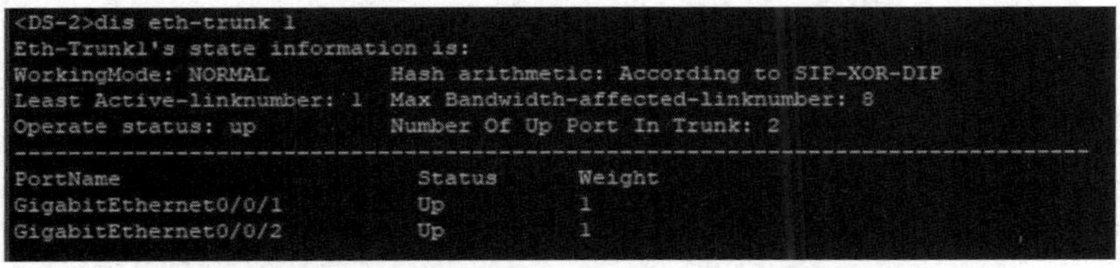

```
<DS-2>dis eth-trunk 1
Eth-Trunk1's state information is:
WorkingMode: NORMAL         Hash arithmetic: According to SIP-XOR-DIP
Least Active-linknumber: 1  Max Bandwidth-affected-linknumber: 8
Operate status: up          Number Of Up Port In Trunk: 2
--------------------------------------------------------------
PortName                  Status       Weight
GigabitEthernet0/0/1      Up           1
GigabitEthernet0/0/2      Up           1
```

图 10-3　汇聚层交换机 DS-2 的 Eth-Trunk 1 逻辑端口的状态

（2）测试各部门主机之间的连通性，销售部的主机可以 ping 通技术部和行政部的主机，结果如图 10-4 所示。

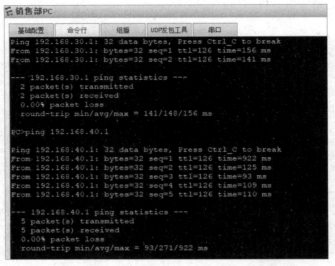

图 10-4　销售部的主机与技术部和行政部的主机的连通结果

10.1.6　任务书

一、实训目的

（1）通过项目实践，理解链路聚合的工作原理及应用，掌握通过规划配置链路聚合来拓宽网络带宽的方法。

（2）养成团结协作的精神。

二、实训要求

根据该公司的拓扑结构（见图 10-1）、项目背景及项目规划设计，完成以下任务。

（1）根据拓扑结构和地址分配情况，配置所有主机的接口 IP 地址。

（2）在接入层交换机 AS-1 和 AS-2 上创建 VLAN，并划分接口。

（3）在汇聚层交换机 DS-1 和 DS-2 上创建 VLAN，并配置 Trunk 链路。

（4）配置聚合链路，并将聚合链路划分到 VLAN 中。

（5）配置 VLANIF，以实现 VLAN 之间的互通。

（6）配置静态路由，以实现全网互通。

（7）进行测试。

三、评分标准

（1）网络拓扑结构布局简洁、美观，标注清晰。（10%）

（2）正确配置 VLAN，可以实现局部互通。（20%）

（3）正确规划配置链路聚合，可以实现全网互通。（60%）

（4）测试正确。（10%）

四、设备配置截图

五、测试结果截图

六、教师评语

实验成绩：　　　　　　　　　　　　　　　教师：

任务 10.2　通过规划配置 VRRP 提高网络可靠性

通过规划配置
VRRP 提高网络
可靠性

10.2.1　VRRP 的工作原理

VRRP（Virtual Router Redundancy Protocol，虚拟路由器冗余协议）提供了将多台路由器虚拟成一台路由器的服务，其通过虚拟技术，在逻辑上将多台物理设备合并为一台虚拟设备，同时让物理路由器对外隐藏各自的信息，以便针对其他设备提供一致性的服务。

VRRP 中定义了 3 种状态：初始（Initialize）状态、主用（Master）状态、备份（Backup）状态。只有处于 Master 状态的设备才可以转发需要发送到虚拟 IP 地址的报文。VRRP 状态说明如表 10-2 所示。

表 10-2　VRRP 状态说明

状态	说明
Initialize	该状态为 VRRP 不可用状态。在此状态下，设备不会对 VRRP 通告报文做任何处理。通常，当设备启动或检测到故障时才会进入此状态
Master	当 VRRP 设备处于此状态时，将承担虚拟路由设备的所有转发工作，并定期向整个虚拟网络发送 VRRP 通告报文
Backup	当 VRRP 设备处于此状态时，不会承担虚拟路由设备的转发工作，并定期接收 Master 设备的 VRRP 通告报文，判断 Master 的工作状态是否正常

VRRP 的工作过程如下。

（1）VRRP 组选举出主用（Master）路由器。

① 对比优先级，将优先级最高的设备作为 Master 路由器。

② 对比接口 IP 地址，如果优先级相同，则将接口 IP 地址最高的设备作为 Master 路由器。

（2）Master 路由器发送 ARP 和 VRRP 通告报文。

① 使用 ARP 消息向局域网内通信终端通告虚拟 IP 地址和 MAC 地址。

② 使用 VRRP 消息周期性地向组内所有 Backup 设备通告 VRRP 头部、组号和优先级等信息。

（3）VRRP Master 路由器转发往返于内外网的数据。

（4）如果 Master 设备出现故障，则 VRRP 备份组中的 Backup 设备将根据优先级重新选举新的 Master 设备。当 VRRP 备份组状态切换时，Master 设备会从一台设备切换到另外一台设备。新的 Master 设备会立即发送携带虚拟路由器的虚拟 MAC 地址和虚拟 IP 地址信息的免费 ARP 报文，以刷新与其相连的设备或通信终端的 MAC 表项，把用户数据引到新的 Master 设备上。这个过程对用户完全透明。当原 Master 设备故障恢复时，若该设备是 IP 地址的拥有者（优先级为 255），则直接切换到 Master 状态；若该设备的优先级小于 255，则首先切换到 Backup 状态，并且其优先级恢复为在发生故障前配置的优先级。当 Backup 设备的优先级高于 Master 设备的优先级时，由 Backup 设备的工作方式（抢占方式和非抢占方式）决定是否重新选举 Master 设备。

（1）主备式 VRRP（其中一台设备作为 Master 路由器，其他设备作为 Backup 路由器）的配置过程如下。

① 进入路由器接口。

② 创建 VRRP 组，指定 VRRP 组的组号和虚拟 IP 地址，并执行"vrrp vrid virtual-router-id virtual-ip virtual-address"命令。其中，virtual-router-id 用于指定 VRRP 组的组号，virtual-address 用于指定 VRRP 备份组的虚拟 IP 地址。

③ 指定设备在 VRRP 组中的优先级，并执行"vrrp vrid virtual-router-id priority priority-value"命令。其中，priority-value 用于指定设备在备份组中的优先级数值。该数值越大，表示优先级越高。

④ 配置 VRRP 与接口状态联动监视接口，并执行"vrrp vrid virtual-router-id track interface interface-type interface-number [increased value-increased | reduced value-reduced]"命令。其中，increased value-increased 用于指定当被监视接口的状态变为 Down 时，优先级增加的数值。增加数值后的优先级最高只能为 254。reduced value-reduced 用于指定当被监视接口的状态变为 Down 时，优先级减少的数值。

⑤ 执行"display vrrp brief"命令查看 VRRP 的状态。

⑥ 执行"display vrrp protocol-information"命令查看 VRRP 版本信息。

⑦ 执行"tracert IP"命令检测 VRRP 的连通性及路径。

⑧ 执行"display vrrp state-change interface interface-type interface-number vrid virtual-router-id"命令查看指定 VRRP 备份组的状态变化轨迹。此命令最多能够显示 VRRP 备份组最近 10 条状态信息。

（2）在负载均衡式 VRRP 中，Master 路由器负责为备份组中的路由器分配虚拟 MAC 地址，并为来自不同主机的 ARP 请求应答不同的虚拟 MAC 地址，从而实现数据在多台路由器之间均衡分担，其配置过程如下。

① 在每台参与组建 VRRP 组的路由器中规划配置 VRRP 组，并指定 VRRP 组的组号和虚拟 IP 地址；根据路由器的数量创建相应数量的 VRRP 组。每个组的组号和虚拟 IP 地址都应该不同。

② 进入参与组建 VRRP 组的路由器接口，并指定该路由器在 VRRP 组中的优先级数值。该数值越大，表示优先级越高。

③ 分别在参与组建 VRRP 组的路由器中配置 VRRP 与接口状态联动监视接口。

④ 使用"display vrrp brief"命令查看 VRRP 状态。

⑤ 使用"tracert IP"命令检测 VRRP 的连通性及路径。

⑥ 使用"display vrrp state-change interface interface-type interface-number vrid virtual-router-id"命令查看指定 VRRP 备份组的状态变化轨迹。

10.2.2 项目背景

某公司为了提高网络可靠性，决定采用两条线路接入因特网，并通过出口路由器 R1 和 R2 与 GW 相连；路由器 R3 和与其相连的主机 PC3 位于异地，R3 与 GW 之间通过因特网相连，采用静态路由实现互联；PC1、PC2 为内网主机；网络拓扑结构及地址分配如图 10-5 所示。请根据该公司网络现状，规划部署实现内外网互联。

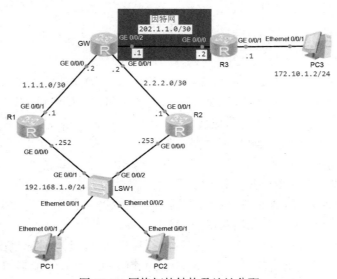

图 10-5　网络拓扑结构及地址分配

10.2.3　项目规划设计

根据该公司的网络情况，通过分析其需求，可以通过 VRRP 功能将出口路由器 R1 和 R2 组建为 VRRP 组，为内网提供网关服务；内网与外网之间采用静态路由实现互通，有两种实现方案，具体如下。

1.　主备式 VRRP

选用 R1 作为 Master 路由器，R1 与 GW 之间的链路为主链路；选用 R2 作为 Backup 路由器，R2 与 GW 之间的链路为备份链路。当 Master 路由器 R1 出现故障时，自动启用 Backup 路由器 R2。这样内网所有主机只需配置一个出口网关地址，即 VRRP 组（组号为 10）的虚拟 IP 地址（192.168.1.254）。主备式 VRRP 的网络拓扑结构如图 10-6 所示，规划步骤如下。

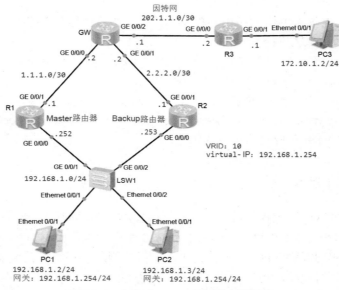

图 10-6　主备式 VRRP 的网络拓扑结构

（1）配置所有设备接口。

（2）分别在出口路由器 R1、R2 上规划到因特网的默认路由。

（3）先在 GW 上规划到 192.168.1.0/24 的主路由，即经过出口路由器 R1 的路由，并将其优先级设置为 10，再规划一条到 192.168.1.0/24 的备份路由，即经过出口路由器 R2 的路由。

（4）在 GW 上规划到因特网的默认路由。

（5）在路由器 R3 上规划到因特网的默认路由。

（6）将 R1 配置为 Master 路由器，并指定 VRRP 备份组号为 10，虚拟 IP 地址为 192.168.1.254；将 R1 的 VRRP 备份组 10 的优先级配置为 160。

（7）将 R2 配置为 Backup 路由器，并指定 VRRP 备份组号为 10，虚拟 IP 地址为 192.168.1.254；R2 的 VRRP 优先级采用默认值 100，不需要配置。

（8）在出口路由器 R1 上配置 VRRP 追踪上行接口状态，用于监视 GE 0/0/1 上行接口。当此接口断开时，将优先级值裁掉 100，使其变为 60，低于出口路由器 R2 中 VRRP 备份组 10 的优先级值 100。此时，R2 是 Master 路由器，R1 将自动成为 Backup 路由器。

2. 负载均衡式 VRRP

负载均衡式 VRRP，即出口路由器 R1、R2 互为备份。采用这种方式可以增加出口流量和出口带宽，也可以保证网络的可靠性。此时，只需将内网的一部分主机配置为通过出口路由器 R1 访问因特网，另一部分主机配置为通过路由器 R2 访问因特网。也就是说，将部分内网主机的网关地址配置为以出口路由器 R1 为主的虚拟 VRRP 组（组号为 10）的虚拟 IP 地址（192.168.1.253），另一部分内网主机的网关地址配置为以出口路由器 R2 为主的虚拟 VRRP 组（组号为 20）的虚拟 IP 地址（192.168.1.254）。负载均衡式 VRRP 的网络拓扑结构如图 10-7 所示，规划步骤如下。

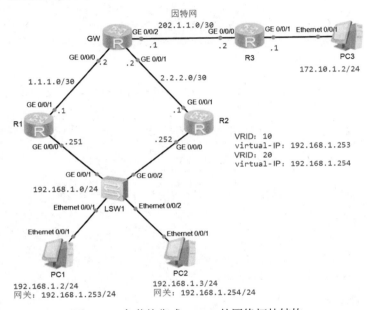

图 10-7   负载均衡式 VRRP 的网络拓扑结构

（1）配置所有设备接口。

（2）分别在出口路由器 R1、R2 和 GW 上规划 OSPF 动态路由。

（3）在出口路由器 R1 和 R2 上配置 VRRP，各创建两个 VRRP 备份组，组号分别为 10 和 20，并指定路由器属于同一个 VRRP 备份组。其中，VRRP 备份组号为 10 的虚拟 IP 地址为 192.168.1.253；VRRP 备份组号为 20 的虚拟 IP 地址为 192.168.1.254。

（4）配置出口路由器 R1 的 VRRP 备份组 10 的优先级为 120。这样可以确保在备份组 10 中，R1 是 Master 路由器，R2 自动成为 Backup 路由器。配置出口路由器 R2 的 VRRP 备份组 20 的优先级为 120。这样可以保证在备份组 20 中，R2 是 Master 路由器，R1 自动成为 Backup 路由器。

（5）在出口路由器 R1 上配置 VRRP 备份组 10 的上行接口状态，用于监视 GE 0/0/1 上行接口。当此接口断开时，将优先级值裁掉 60，使其变为 60，低于 R2 中 VRRP 备份组 10 的优先级值 100。在路由器 R2 上配置 VRRP 备份组 20 的上行接口状态，用于监视 GE 0/0/1 上行接口。当此接口断开时，将优先级值裁掉 60，使其变为 60，低于 R1 中 VRRP 备份组 20 的优先级值 100。

10.2.4　项目部署实施

1. 主备式 VRRP

（1）按照图 10-6 配置路由器接口 IP 地址和主机 IP 地址（略）。

（2）规划配置路由。

```
[R1]ip route-static 0.0.0.0  0.0.0.0  1.1.1.2
[R2]ip route-static 0.0.0.0  0.0.0.0  2.2.2.2
[GW]ip route-static 0.0.0.0  0.0.0.0  202.1.1.2
[GW]ip route-static 192.168.1.0  24  1.1.1.1  preference  10
[GW]ip route-static 192.168.1.0  24  2.2.2.1
[R3]ip route-static 0.0.0.0  0.0.0.0  202.1.1.1
```

（3）规划配置 VRRP。

```
//进入 Master 路由器 R1 连接用户端的接口，并指定 VRRP 备份组的组号和虚拟 IP 地址
[R1]int g0/0/0
[R1-GigabitEthernet0/0/0]vrrp  vrid  10  virtual-ip  192.168.1.254
//指定 Master 路由器在 VRRP 备份组 10 中的优先级为 160
[R1-GigabitEthernet0/0/0]vrrp  vrid  10  priority  160

//进入 Backup 路由器 R2 连接用户端的接口，并指定 VRRP 备份组的组号和虚拟 IP 地址
[R2]int g0/0/0
[R2-GigabitEthernet0/0/0]vrrp  vrid  10  virtual-ip  192.168.1.254

//在路由器 R1 的 GE 0/0/0 接口上配置 VRRP 追踪 GE 0/0/1 上行接口状态
[R1-GigabitEthernet0/0/0]vrrp vrid 10 track int  G0/0/1  reduced 100
```

2. 负载均衡式 VRRP

（1）按照图 10-7 配置路由器接口 IP 地址和主机 IP 地址（略）。

（2）规划配置路由。

```
//在 Master 路由器 R1 上规划配置 OSPF
[R1]ospf 1
[R1-ospf-1]area 0
[R1-ospf-1-area-0.0.0.0]network 192.168.1.0 0.0.0.255
[R1-ospf-1-area-0.0.0.0]network 1.1.1.0 0.0.0.3
//在 Backup 路由器 R2 上规划配置 OSPF
[R2]ospf 1
[R2-ospf-1]area 0
[R2-ospf-1-area-0.0.0.0]network 192.168.1.0  0.0.0.255
[R2-ospf-1-area-0.0.0.0]network 2.2.2.0  0.0.0.3
//在 GW 上规划一条到外网的默认路由，并在 OSPF 中重发布该默认路由
[GW]ip route-static 0.0.0.0 0.0.0.0 202.1.1.2
[GW]ospf 1
[GW-ospf-1]area 0
[GW-ospf-1-area-0.0.0.0]network 1.1.1.0  0.0.0.3
[GW-ospf-1-area-0.0.0.0]network 2.2.2.0  0.0.0.3
```

```
[GW-ospf-1-area-0.0.0.0]network  202.1.1.0  0.0.0.3
[GW-ospf-1-area-0.0.0.0]quit
[GW-ospf-1]default-route-advertise always
//在路由器R3上规划配置一条默认路由到因特网
[R3]ip route-static  0.0.0.0  0.0.0.0  202.1.1.1
```

（3）规划配置 VRRP。

```
//进入Master路由器R1连接用户端的接口，创建两个VRRP备份组，组号为10和20
//将对应的虚拟IP地址分别设置为192.168.1.253和192.168.1.254
[R1]int g0/0/0
[R1-GigabitEthernet0/0/0]vrrp  vrid  10  virtual-ip  192.168.1.253
[R1-GigabitEthernet0/0/0]vrrp  vrid  20  virtual-ip  192.168.1.254
//进入Backup路由器R2连接用户端的接口，创建两个VRRP备份组，组号为10和20
//将对应的虚拟IP地址分别设置为192.168.1.253和192.168.1.254
[R2]int g0/0/0
[R2-GigabitEthernet0/0/0]vrrp  vrid  10  virtual-ip  192.168.1.253
[R2-GigabitEthernet0/0/0]vrrp  vrid  20  virtual-ip  192.168.1.254

//指定Master路由器R1在VRRP备份组10中的优先级为120
//确保在VRRP备份组10中，R1是Master路由器，R2自动成为Backup路由器
[R1-GigabitEthernet0/0/0]vrrp  vrid  10  priority  120
//指定Backup路由器R2在VRRP备份组20中的优先级为120
//确保在VRRP备份组20中，R2是Master路由器，R1自动成为Backup路由器
[R2-GigabitEthernet0/0/0]vrrp  vrid  20  priority  120
//在Master路由器R1的GE 0/0/0接口上配置VRRP追踪GE 0/0/1上行接口状态
[R1-GigabitEthernet0/0/0]vrrp vrid 10 track int  G0/0/1  reduced 60
//在Backup路由器R2的GE 0/0/0接口上配置VRRP追踪GE 0/0/1上行接口状态
[R2-GigabitEthernet0/0/0]vrrp vrid 20 track int  G0/0/1  reduced 60
```

10.2.5　项目测试

1. 主备式 VRRP

（1）检查 VRRP 的状态。分别在路由器 R1 和 R2 上执行"display vrrp brief"命令，此时 R1 为 Master 状态，R2 为 Backup 状态，结果如图 10-8 和图 10-9 所示。

图 10-8　路由器 R1 的 VRRP 状态 1

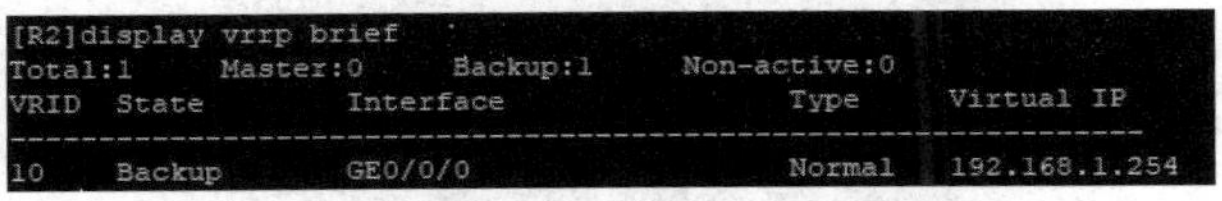

图 10-9　路由器 R2 的 VRRP 状态 1

（2）检测 VRRP 的连通性及路径。分别在 PC1 或 PC2 上使用 ping 命令测试它们与 PC3 的连通性，使用 tracert 命令检测到 PC3 的路径，结果如图 10-10 所示。由图 10-10 可知，此

时数据流量是通过 Master 路由器 R1 到达 PC3 的。

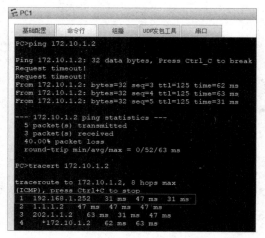

图 10-10　从 PC1 到 PC3 的连通性及路径 1

（3）手动关闭路由器 R1 的 GE 0/0/1 接口，模拟上行链路故障，并跟踪从 PC1 到 PC3 的路径，发现数据流已由原来的经由 R1 到达 PC3 变成经由 R2 到达 PC3，结果如图 10-11 和图 10-12 所示。

```
[R1-GigabitEthernet0/0/1]shutdown
Jan  4 2024 09:44:37-08:00 R1 %%01IFPDT/4/IF_STATE(1)[0]:Interface GigabitEthern
et0/0/1 has turned into DOWN state.
[R1-GigabitEthernet0/0/1]
[R1-GigabitEthernet0/0/1]
Jan  4 2024 09:44:37-08:00 R1 %%01IFNET/4/LINK_STATE(1)[1]:The line protocol IP
on the interface GigabitEthernet0/0/1 has entered the DOWN state.
[R1-GigabitEthernet0/0/1]
Jan  4 2024 09:44:37-08:00 R1 %%01RM/4/IPV4_DEFT_RT_CHG(1)[2]:IPV4 default Route
 is changed. (ChangeType=Delete, InstanceId=0, Protocol=Static, ExitIf=Unknown,
Nexthop=1.1.1.2, Neighbour=0.0.0.0, Preference=1006632960, Label=NULL, Metric=0)

[R1-GigabitEthernet0/0/1]
Jan  4 2024 09:44:37-08:00 R1 %%01VRRP/4/STATEWARNINGEXTEND(1)[3]:Virtual Router
 state MASTER changed to BACKUP, because of priority calculation. (Interface=Gig
abitEthernet0/0/0, VrId=167772160, InetType=IPv4)
[R1-GigabitEthernet0/0/1]
Jan  4 2024 09:44:37-08:00 R1 VRRP/2/VRRPMASTERDOWN:OID 16777216.50331648.100663
296.16777216.67108864.16777216.3674669056.83886080.419430400.2130706432.33554432
.503316480.16777216 The state of VRRP changed from master to other state. (VrrpI
fIndex=50331648, VrId=167772160, IfIndex=50331648, IPAddress=252.1.168.192, Node
Name=R1, IfName=GigabitEthernet0/0/0, CurrentState=Backup, ChangeReason=priority
 calculation(GE0/0/1 down))
```

图 10-11　关闭路由器 R1 的 GE 0/0/1 接口后状态的变化

图 10-12　从 PC1 到 PC3 的路径变化 1

（4）执行"display vrrp state-change interface GigabitEthernet 0/0/0　vrid 10"命令查看路由器 R1 的 VRRP 状态变化情况，结果如图 10-13 所示。由图 10-13 可知，关闭和启用路由器 R1 的 GE 0/0/1 接口将触发 VRRP 状态切换事件。

```
[R1]display vrrp state-change interface GigabitEthernet 0/0/0  vrid 10
Time                            SourceState  DestState   Reason
------------------------------------------------------------------------
2024-01-04 09:23:39 UTC-08:00   Initialize   Backup      Interface up
2024-01-04 09:23:42 UTC-08:00   Backup       Master      Protocol timer expir
ed
2024-01-04 09:44:37 UTC-08:00   Master       Backup      Priority calculation
```

图 10-13　路由器 R1 的 VRRP 状态变化 1

2. 负载均衡式 VRRP

（1）在 PC1 和 PC2 上分别使用 ping 命令和 tracert 命令验证负载均衡结果，如图 10-14 和图 10-15 所示。由图 10-14 和图 10-15 可知，PC1 经由 R1 到达 PC3，而 PC2 经由 R2 到达 PC3。

图 10-14　从 PC1 到 PC3 的连通性及路径 2

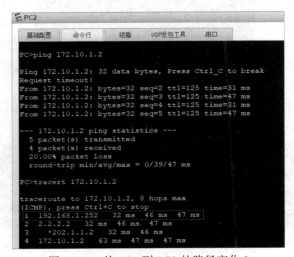

图 10-15　从 PC1 到 PC3 的路径变化 2

（2）分别在路由器 R1 和 R2 上执行"display vrrp brief"命令，查看 VRRP 的状态信息，结果如图 10-16 和图 10-17 所示。由图 10-16 和图 10-17 可知，路由器 R1 在 VRRP 备份组 10 中的状态是 Master，为 Master 路由器，而在 VRRP 备份组 20 中的状态是 Backup，为 Backup 路由器；路由器 R2 则与 R1 相反。

```
[R1]display vrrp brief
Total:2    Master:1    Backup:1    Non-active:0
VRID  State        Interface              Type    Virtual IP
---------------------------------------------------------------
10    Master       GE0/0/0                Normal  192.168.1.253
20    Backup       GE0/0/0                Normal  192.168.1.254
```

图 10-16　路由器 R1 的 VRRP 状态 2

```
[R2]display vrrp brief
Total:2    Master:1    Backup:1    Non-active:0
VRID  State        Interface              Type    Virtual IP
---------------------------------------------------------------
10    Backup       GE0/0/0                Normal  192.168.1.253
20    Master       GE0/0/0                Normal  192.168.1.254
```

图 10-17　路由器 R2 的 VRRP 状态 2

（3）关闭路由器 R1 的 GE 0/0/1 接口，并使用 tracert 命令跟踪从 PC1 到 PC3 的路径，发现数据流已由原来的经由 R1 到达 PC3 变成经由 R2 到达 PC3，如图 10-18 所示。

```
  PC1
 基础配置    命令行    组播    UDP发包工具    串口

 --- 172.10.1.2 ping statistics ---
  5 packet(s) transmitted
  3 packet(s) received
  40.00% packet loss
  round-trip min/avg/max = 0/41/47 ms

PC>tracert 172.10.1.2

traceroute to 172.10.1.2, 8 hops max
(ICMP), press Ctrl+C to stop
 1  192.168.1.251   46 ms   32 ms   47 ms
 2  *1.1.1.2   46 ms   32 ms
 3  202.1.1.2   62 ms   47 ms   47 ms
 4  172.10.1.2   47 ms   31 ms   47 ms

PC>tracert 172.10.1.2

traceroute to 172.10.1.2, 8 hops max
(ICMP), press Ctrl+C to stop
 1  192.168.1.252   31 ms   47 ms   47 ms
 2  2.2.2.2   31 ms   47 ms   47 ms
 3  202.1.1.2   47 ms   62 ms   47 ms
 4  *172.10.1.2   31 ms   47 ms
```

图 10-18　从 PC1 到 PC3 的路径变化 3

（4）执行"display vrrp state-change interface GigabitEthernet 0/0/0　vrid 10"命令查看路由器 R1 的 VRRP 状态变化情况，结果如图 10-19 所示。由图 10-19 可知，关闭和启用路由器 R1 的 GE 0/0/1 接口将触发 VRRP 状态切换事件。

```
[R1-GigabitEthernet0/0/1]quit
[R1]display vrrp state-change interface GigabitEthernet 0/0/0  vrid 10
Time                          SourceState  DestState  Reason
---------------------------------------------------------------------
2024-01-04 10:48:27 UTC-08:00   Initialize   Backup    Interface up
2024-01-04 10:48:30 UTC-08:00   Backup       Master    Protocol timer expir
ed
2024-01-04 11:02:53 UTC-08:00   Master       Backup    Priority calculation
```

图 10-19　路由器 R1 的 VRRP 状态变化 2

10.2.6　任务书

一、实训目的 （1）通过项目实践，理解 VRRP 的工作原理及应用，掌握通过规划配置 VRRP 提高网络可靠性的方法。 （2）养成团结协作精神，树立网络安全意识。
二、实训要求 根据该公司拓扑结构及地址分配（见图 10-5）、项目背景及项目规划设计，完成以下任务。 （1）根据拓扑图结构及地址分配，配置所有主机的接口 IP 地址。 （2）按照图 10-6 规划配置静态路由和主备式 VRRP，以实现网络互通。 （3）按照图 10-7 规划配置 OSPF 和负载均衡式 VRRP，以实现网络互通。 （4）进行测试。
三、评分标准 （1）网络拓扑结构布局简洁、美观，标注清晰。（10%） （2）正确配置路由，可以实现局部互通。（20%） （3）正确规划配置 VRRP，可以实现全网互通。（60%） （4）测试正确。（10%）
四、设备配置截图
五、测试结果截图
六、教师评语 实验成绩：　　　　　　　　　　　　教师：

习题 10

一、单选题

1. 以下关于链路聚合的说法，正确的是（　　　）。

A. 链路两端的接口类型可以不同

B. 只有二层聚合

C. 在配置链路聚合时，物理接口类型可以不一致

D. 在聚合的链路中，若有一条链路是 UP 状态，则聚合之后的链路也是 UP 状态

2. 以下关于链路聚合的相关配置命令，描述错误的是（　　　）。

A. "interface eth-trunk 0" 命令用来创建并进入 Eth-Trunk 逻辑端口，并指定 Eth-Trunk 逻辑端口的编号为 0

B. "irunkport GigabitEthernet 0/0/1 to 0/0/3" 命令用来把 GE 0/0/1 和 GE 0/0/3 接口作为成员端口添加到 Eth-Trunk 逻辑端口中

C. "port link-type trunk" 命令用来将接口的链路类型设置为 Trunk

D. "port trunk allow-pass vlan all" 命令用来设置允许 Trunk 链路发送所有 VLAN 流量

3. 当链路聚合使用 LACP 模式选举主用设备时，以下描述正确的是（　　　）。

A. 优先级数值越小的优先级越高，如果数值相同，则比较设备的 MAC 地址。该地址越小，表示优先级越高

B. 将 MAC 地址小的设备选为主用设备

C. 比较接口编号

D. 将系统优先级数值小的设备选为主用设备

4. 在 VRRP 备份组中，（　　　）会被选为 Master 路由器。

A. 优先级最低的路由器　　　　　　　　B. 优先级最高的路由器

C. IP 地址最小的路由器　　　　　　　　D. IP 地址最大的路由器

5. VRRP 的组播地址是（　　　）。

A. 224.0.0.9　　　　B. 224.0.0.5　　　　C. 224.0.0.6　　　　D. 224.0.0.18

二、问答题

1. 什么是链路聚合？常见的链路聚合模式有哪些？

2. 什么是 VRRP？简述其工作原理。

项目11

>>>>>>

使用 VPN 技术加固网络通信

《中华人民共和国网络安全法》第十条 建设、运营网络或者通过网络提供服务，应当依照法律、行政法规的规定和国家标准的强制性要求，采取技术措施和其他必要措施，保障网络安全、稳定运行，有效应对网络安全事件，防范网络违法犯罪活动，维护网络数据的完整性、保密性和可用性。

知识目标

（1）了解 VPN 技术的应用背景。
（2）理解 GRE、IPSec VPN 的工作原理。
（3）掌握 GRE、IPSec VPN 的规划配置方法。

能力目标

具有使用 GRE、IPSec VPN 提高网络安全性的能力。

素质目标

（1）树立终身学习的理念和培养终身学习的习惯。
（2）培养严谨细致的工作作风。
（3）增强全局意识和责任意识。

任务 11.1　GRE 的部署实施

11.1.1　GRE 的工作原理

VPN（Virtual Private Network，虚拟专用网络）是在公有网络（通常是互联网）上建立的、临时的、安全的连接，是一条穿过非安全网络的安全、稳定的隧道，可以以较低的成本实现异地网络的互联，或者让出差员工访问企业网络。VPN 采取了多种加密技术，保证了在公共网络传输数据时的安全。VPN 的连接方式分为站点到站点（Site-to-Site）和远程访问（Remote Access）。VPN 按照用途分为远程接入 VPN （Access VPN）、内联网 VPN （Intranet VPN）和外联网 VPN（Extranet VPN）。

GRE（Generic Routing Encapsulation，通用路由封装）是一种用于在任意网络层协议上封装其他网络层协议的协议。GRE 是无安全机制的站点到站点 VPN 隧道协议；IP 协议使用协议号 47 来标识 GRE 数据包；支持任何 OSI 第 3 层协议的封装；它本身是无状态的，在默认情况下不包括任何流量控制机制。GRE 可以封装具有多种协议的数据包进入 IP 隧道，用于在 IP 互联网中建立到远程节点路由的虚拟点对点链路。隧道接口可支持以下协议的头。

（1）被封装的协议（也被称为乘客协议），如 IPv4、IPv6、AppleTalk、DECnet 或 IPX。

（2）封装协议（也被称为运载协议），如 GRE、IPSec。

（3）传输交付协议，如 IP 协议。

GRE 的规划部署要点如下。

（1）创建 Tunnel 接口，进入 Tunnel 接口视图，并执行"interface Tunnel 0/0/0"命令。

（2）配置 Tunnel 接口的隧道协议为 GRE，并执行"tunnel-protocol gre"命令。

（3）指定 Tunnel 的源地址或源接口，并执行"source 接口编号"命令。

（4）指定 Tunnel 的目的端地址，并执行"destination X.X.X.X"命令。

（5）配置 Tunnel 接口的 IP 地址，并执行"IP add X.X.X.X"命令。

11.1.2　项目背景

学校因为发展，需要在新都建立新校区。新都校区和龙泉校区均需要接入因特网。为了实现两个校区网络的安全互联，同时由于数据专线的费用较高，为了节约成本，并确保流量安全，因此选择 GRE 作为互联方案，具体要求如下。

（1）规划部署新都校区与龙泉校区的网络，实现新都校区局域网内部和龙泉校区局域网内部的互通。

（2）配置 ISP 接口 IP 地址。

（3）规划部署 GRE，实现新都校区与龙泉校区之间网络的安全互联。

11.1.3 项目规划设计

通过对学校的建网需求进行分析，可构建两个校区接入因特网的简单拓扑结构，如图 11-1 所示，具体规划如下。

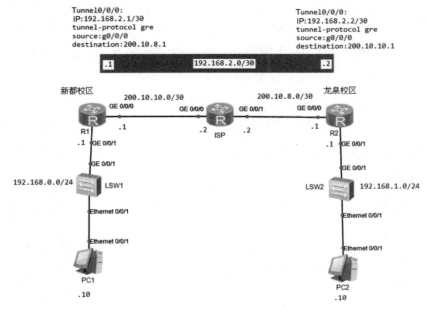

图 11-1 网络拓扑结构

（1）两个校区内网采用静态路由进行互联。

（2）在新都校区和龙泉校区的出口路由器上规划到因特网的默认路由。

（3）在 ISP 上规划到两个校区的默认路由。

（4）在新都校区的出口路由器 R1 上规划配置 Tunnel 接口，并将源接口设置为 GE 0/0/0，目的地址设置为 200.10.8.1，Tunnel 接口 IP 地址设置为 192.168.2.1/30。

（5）在龙泉校区的出口路由器 R2 上规划配置 Tunnel 接口，并将源接口设置为 GE 0/0/0，目的地址设置为 200.10.10.1，Tunnel 接口 IP 地址设置为 192.168.2.2/30。

11.1.4 项目部署实施

（1）按照图 11-1，规划配置接口 IP 地址。

```
//配置路由器 R1 的接口 IP 地址
[R1]int g0/0/1
[R1-GigabitEthernet0/0/1]ip add  192.168.0.1  24
[R1]int g0/0/0
[R1-GigabitEthernet0/0/0]ip add  200.10.10.1  30
//配置路由器 R2 的接口 IP 地址
[R2]int g0/0/1
[R2-GigabitEthernet0/0/1]ip add  192.168.1.1  24
```

```
[R2]int g0/0/0
[R2-GigabitEthernet0/0/0]ip add 200.10.8.1 30
//配置ISP的接口IP地址
[ISP]int g0/0/0
[ISP-GigabitEthernet0/0/0]ip add 200.10.10.2 30
[ISP]int g0/0/1
[ISP-GigabitEthernet0/0/1]ip add 200.10.8.2 30
```

（2）配置分支机构的数据从路由器 R1 经过 ISP 进行传输时使用默认路由。

```
[R1] ip route-static 0.0.0.0 0.0.0.0 200 10.10.2
```

（3）配置总部的数据从路由器 R2 经过 ISP 进行传输时使用默认路由。

```
[R2] iproute-static 0.0.0.0 0.0.0.0 200 10.8.2
```

（4）配置隧道 Tunnel 0/0/0，实现新都校区站点与龙泉校区站点之间的安全互通。
路由器 R1 的配置如下。

```
[R1]int tunnel 0/0/0
[R1-Tunnel0/0/0]tunnel-protocol gre
[R1-Tunnel0/0/0]ip add 192.168.2.1 255.255.255.252
[R1-Tunnel0/0/0] source G0/0/0
[R1-Tunnel0/0/0]destination 200.10.8.1
//配置OSPF路由
[R1]OSPF 1
[R2-OSPF-1]default-route-advertise
[R1-OSPF-1]area 0
[R1-ospf-1-area-0.0.0.0]network 192.168.0.0 0.0.0.255
[R1-ospf-1-area-0.0.0.0]network 192.168.2.0 0.0.0.3
[R1-ospf-1]silent-interface g0/0/1
```

路由器 R2 的配置如下。

```
[R2]int tunnel 0/0/0
[R2-Tunnel0/0/0]tunnel-protocol gre
[R2-Tunnel0/0/0]ip add 192.168.2.2 255.255.255.252
[R2-Tunnel0/0/0] source G0/0/0
[R2-Tunnel0/0/0]destination 200.10.10.1
//配置OSPF路由
[R2]OSPF 1
[R2-OSPF-1]default-route-advertise
[R2-OSPF-1]area 0
[R2-ospf-1-area-0.0.0.0]network 192.168.1.0 0.0.0.255
[R2-ospf-1-area-0.0.0.0]network 192.168.2.0 0.0.0.3
[R2-ospf-1]silent-interface g0/0/1
```

11.1.5 项目测试

（1）执行"dis ip routing-table"命令查看路由器 R1 或 R2 的路由表，结果如图 11-2 所示。

```
<R1>dis ip routing-table
Route Flags: R - relay, D - download to fib
--------------------------------------------------------------
Routing Tables: Public
         Destinations : 15       Routes : 15

Destination/Mask    Proto   Pre  Cost    Flags NextHop         Interface
      0.0.0.0/0     Static  60   0         RD  200.10.10.2     GigabitEthernet
0/0/0
    127.0.0.0/8     Direct  0    0         D   127.0.0.1       InLoopBack0
    127.0.0.1/32    Direct  0    0         D   127.0.0.1       InLoopBack0
127.255.255.255/32  Direct  0    0         D   127.0.0.1       InLoopBack0
  192.168.0.0/24    Direct  0    0         D   192.168.0.1     GigabitEthernet
0/0/1
  192.168.0.1/32    Direct  0    0         D   127.0.0.1       GigabitEthernet
0/0/1
192.168.0.255/32    Direct  0    0         D   127.0.0.1       GigabitEthernet
0/0/1
  192.168.1.0/24    OSPF    10   1563      D   192.168.2.2     Tunne10/0/0
  192.168.2.0/30    Direct  0    0         D   192.168.2.1     Tunne10/0/0
  192.168.2.1/32    Direct  0    0         D   127.0.0.1       Tunne10/0/0
  192.168.2.3/32    Direct  0    0         D   127.0.0.1       Tunne10/0/0
 200.10.10.0/30     Direct  0    0         D   200.10.10.1     GigabitEthernet
0/0/0
 200.10.10.1/32     Direct  0    0         D   127.0.0.1       GigabitEthernet
0/0/0
 200.10.10.3/32     Direct  0    0         D   127.0.0.1       GigabitEthernet
0/0/0
255.255.255.255/32  Direct  0    0         D   127.0.0.1       InLoopBack0
```

图 11-2　路由器 R1 的路由表

（2）在主机 PC1 上使用 ping 命令测试与 PC2 的连通性，结果为可以互通，如图 11-3 所示。

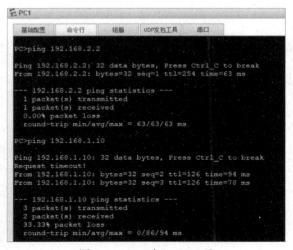

图 11-3　PC1 与 PC2 互通

11.1.6 任务书

一、实训目的

（1）通过项目实践，理解 VPN，尤其是 GRE 的工作原理及应用，掌握通过规划部署 GRE 实现远程安全访问的方法。

（2）树立网络安全意识，增强法律意识。

二、实训要求

请根据项目背景及项目规划设计，完成以下任务。

（1）根据图 11-1，规划部署新都校区与龙泉校区的网络，实现新都校区局域网内部和龙泉校区局域网内部的互通。

（2）配置 ISP 的接口 IP 地址。

（3）规划部署 GRE，实现新都校区与龙泉校区之间网络的安全互联。

（4）进行测试。

三、评分标准

（1）网络拓扑结构布局简洁、美观，标注清晰。（10%）

（2）正确配置，可以实现两个校区局域网内部的互通。（20%）

（3）规划部署 GRE 正确，可以实现安全互联。（50%）

（4）测试正确。（20%）

四、设备配置截图

五、测试结果截图

六、教师评语

实验成绩：   教师：

IPSec VPN 的
部署实施-基
本网络搭建

IPSec VPN 的
部署实施-VPN
配置

任务 11.2   IPSec VPN 的部署实施

11.2.1   IPSec VPN 的工作原理

IPSec 是 IP 安全的简称，它是一个提供安全的协议和服务的集合，包括 AH（Authentication Header，认证头）协议、ESP（Encapsulating Security Payload，封装安全载荷）协议、IKE（Internet Key Exchange，因特网密钥交换）协议、ISAKMP（Internet Security Association and Key Management Protocol，因特网安全与密钥管理协议），以及各种认证、加密算法等。其中，AH 协议用于安全认证，ESP 协议用于数据加密，IKE 协议用于密钥交换。

IPSec 在 IP 层通过数据源身份认证、数据加密、数据完整性和抗重放功能来保证通信双方在因特网上传输数据的安全。

数据源身份认证是指接收方认证发送方的身份是否合法。

数据加密是指发送方将数据加密后，以密文的形式在因特网上进行传输，接收方在收到密文并进行解密后再进行处理。

数据完整性是指接收方对接收的数据进行检验，以确定报文是否被篡改。

抗重放是指接收方拒绝旧的或重复的数据包，从而防止恶意用户通过重复发送捕获到的数据包进行攻击。

IPSec VPN 是一种 VPN 解决方案，通信双方（也被称为 IPSec 对等体，端点可以是网关路由器，也可以是需要远程连接的主机）可以通过建立 IPSec VPN 隧道，在公网上实现虚拟的、安全的专有网络通信。在 IPSec VPN 隧道中传输的数据不仅需要进行加密处理，还支持数据完整性和数据源身份认证功能（支持预共享密钥、数字证书和数字信封等多种认证方式），以确保隧道端点接收的数据没有被非法篡改，并且数据来源是合法的。

建立 IPSec VPN 隧道需要 IPSec 对等体之间进行一系列安全参数（SA）协商，最终确保隧道两端达成一致。进行协商的安全参数包括对等体之间使用的数据源身份认证协议、数据加密算法、密钥，以及生命周期、对等体之间传输数据的封装模式等。IPSec VPN 中的数据封装模式分为隧道模式和传输模式。

在隧道模式下，AH 头或 ESP 头被插在原始 IP 头之前，并且会先生成一个新 IP 头（新 IP 头为对等体的 IP 地址），再将其放到 AH 头或 ESP 头之前。在隧道模式下，当两台主机端到端连接时，会隐藏内网主机的 IP 地址，从而保护整个原始数据包的安全。隧道模式包封装如图 11-4 所示。

在传输模式下，AH 头或 ESP 头被插入在 IP 头之后，并且在传输层协议之前。传输模式可以保护原始数据包的有效负载。传输模式包封装如图 11-5 所示。

隧道模式适用于转发设备对保护流量进行封装处理的场景，建议在两个安全网关之间进行通信时使用。传输模式适用于主机到主机、主机到网关对保护流量进行封装处理的场景。相比而言，隧道模式的安全性高于传输模式，它可以对原始 IP 数据包进行认证和加密，并且可以使用对等体的 IP 地址来隐藏客户端的 IP 地址。但是，由于隧道模式有额外的 IP 头，因此它占用的带宽比传输模式的多。

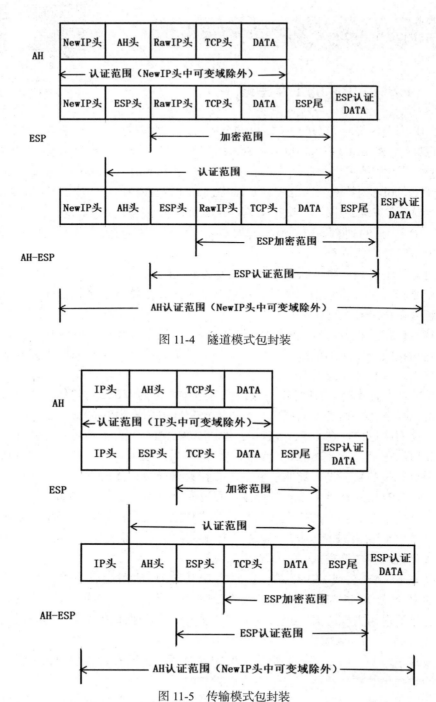

图 11-4　隧道模式包封装

图 11-5　传输模式包封装

对等体之间建立 SA 的方式分为手动配置和 IKE 动态协商。手动配置方式建立 SA 的配置复杂，不支持发起方地址动态变化，并且建立的 SA 永远不会过期。IKE 动态协商方式可以为 IPSec 自动协商建立 SA，更加灵活。

IKE 协议被建立在因特网安全联盟 SA 和密钥管理协议 ISAKMP 定义的框架上，是基于 UDP 的应用层协议。它为 IPSec 提供了自动协商交换密钥、建立 SA 的服务，简化了 IPSec 的使用和管理。当对等体之间建立一个 IKE SA 并完成身份验证和密钥信息交换后，在 IKE SA 的保护下，将根据配置的 AH/ESP 安全协议等参数协商出一对 IPSec SA。此后，对等体之间的数据将在 IPSec 隧道中加密传输。

IKE 密钥协商并建立 IPSec SA 分为两个阶段。IKE 密钥协商如图 11-6 所示。第一阶段，通信双方协商和建立 IKE 本身使用的安全通道，建立 IKE SA。第二阶段，利用已通过认证和安全保护的安全通道，建立一对 IPSec SA。

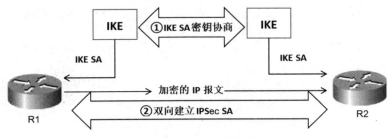

图 11-6　IKE 密钥协商

在第一阶段建立 IKE SA 的过程中，通信双方根据 Diffie-Hellma 算法协商后续进行 IKE 通信时使用的加密算法、密钥、认证算法、认证方法及 Diffie-Hellma 组等。在第二阶段建立一对 IPSec SA 的过程中，双方协商生成 IPSec SA 各项参数。首先，协商发起方发起 IPSec 安全提议（IPSec 安全提议是 IPSec 协商过程中使用的安全协议、加密算法及认证算法等）、身份和验证数据。然后，协商响应方查找符合要求的 IPSec 安全提议，并发送确认的 IPSec 安全提议、身份和验证数据。最后，协商发起方向协商响应方发确认消息，协商响应方接收确认消息，IPsec SA 建立成功。

IPSecVPN 的规划部署过程如下。

（1）配置 ACL，并定义需要 IPSec 保护的数据流。

（2）配置 IPSec 安全提议，并定义 IPSec 的保护方法。

（3）配置 IKE 安全提议，并定义对等体之间的认证方式、认证算法、加密算法和密钥交换参数等。

（4）配置 IKE 对等体，并定义对等体之间的 IKE 协商属性。

（5）配置安全策略，并引用 ACL、IPSec 安全提议和 IKE 对等体，确定对哪些数据流采取哪种保护方法。

（6）在接口上应用安全策略组。

11.2.2　项目背景

学校因为发展，需要在新都建立新校区。新都校区和龙泉校区均需要接入因特网。为了实现两个校区网络的安全互联，同时由于数据专线的费用较高，为了节约成本，并确保流量安全，因此选择 IPSec VPN 作为互联方案。两个校区的网络拓扑结构及地址分配如图 11-7 所示。

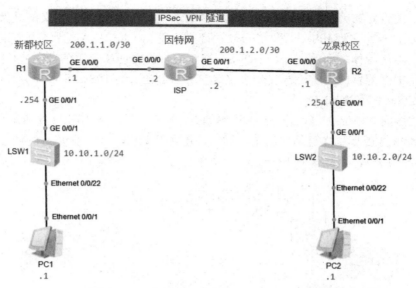

图 11-7 两个校区的网络拓扑结构及地址分配

11.2.3 项目规划设计

通过分析本项目的背景，可知该项目的核心任务是规划部署两个校区的 IPSec VPN。在规划部署 IPSec VPN 之前，需要完成以下准备工作。

（1）配置设备的接口 IP 地址：配置主机的接口 IP 地址、各台路由和 ISP 的接口 IP 地址。

（2）部署默认路由：在两个校区的出口路由器上配置到因特网的默认路由，使得两个校区的内网能够接入因特网。

（3）部署 NAT：在两个校区的出口路由器上配置 NAT，使得内网的主机能够访问外网。

（4）部署 IPSec VPN，具体如下。

① 配置 ACL，并定义需要 IPSec 保护的数据流。

② 配置 IPSec 安全提议，并定义 IPSec 的保护方法。

③ 配置 IKE 安全提议，并定义对等体之间的认证方式、认证算法、加密算法和密钥交换参数等。

④ 配置 IKE 对等体，并定义对等体之间的 IKE 协商属性。

⑤ 配置安全策略，并引用 ACL、IPSec 安全提议和 IKE 对等体，确定对哪些数据流采取哪种保护方法。

⑥ 在接口上应用安全策略组。

11.2.4 项目部署实施

（1）按照图 11-7，配置接口 IP 地址。（此处省略了主机接口 IP 地址的配置）

```
//配置路由器 R1 的接口 IP 地址
[R1]interface GigabitEthernet0/0/0
```

```
[R1-GigabitEthernet0/0/0]ip address 200.1.1.1  30
[R1-GigabitEthernet0/0/0]quit
[R1]interface GigabitEthernet0/0/1
[R1-GigabitEthernet0/0/1]ip address 10.10.1.254  24
[R1-GigabitEthernet0/0/1]quit
//配置路由器 R2 的接口 IP 地址
[R1]interface GigabitEthernet0/0/0
[R1-GigabitEthernet0/0/0]ip address 202.1.2.1  30
[R1-GigabitEthernet0/0/0]quit
[R1]interface GigabitEthernet0/0/1
[R1-GigabitEthernet0/0/1]ip address 10.10.2.254  24
[R1-GigabitEthernet0/0/1]quit
//配置 ISP 的接口 IP 地址
[ISP]int g0/0/0
[ISP-GigabitEthernet0/0/0]ip  add  200 1.1.2  30
[ISP]int g0/0/1
[ISP-GigabitEthernet0/0/1]ip  add  200.1.2.2  30
```

（2）配置新都校区的数据从路由器 R1 经过 ISP 接入因特网所使用的默认路由。

```
[R1] ip route-static  0.0.0.0  0.0.0.0  200 1.1.2
```

（3）配置龙泉校区的数据从路由器 R2 经过 ISP 接入因特网所使用的默认路由。

```
[R2] ip route-static  0.0.0.0  0.0.0.0  200.1.2.2
```

（4）配置 NAT。

```
[R1]acl number 3000
[R1-acl-adv-3000]rule 20 permit ip source 10.10.1.0 0.0.0.255
[R1-acl-adv-3000]quit
[R1]int g0/0/0
[R1-GigabitEthernet0/0/0]nat outbound 3000
[R2]acl number 3000
[R2-acl-adv-3000]rule 20 permit ip source 10.10.2.0 0.0.0.255
[R2-acl-adv-3000]quit
[R2]int g0/0/0
[R2-GigabitEthernet0/0/0]nat outbound 3000
```

（5）配置 ACL，并定义需要 IPSec VPN 保护的数据流。

在路由器 R1 上配置 ACL，并定义从子网 10.10.1.0/24 到子网 10.10.2.0/24 的数据流，同时在 NAT 中排除 VPN 数据流。

```
[R1]acl number 3001
[R1-acl-adv-3001]rule permit ip source 10.10.1.0 0.0.0.255 destination
10.10.2.0 0.0.0.255
[R1]acl number 3000
[R1-acl-adv-3000] rule 10 deny ip source 10.10.1.0 0.0.0.255 destination
10.10.2.0 0.0.0.255
```

在路由器 R2 上配置 ACL，并定义从子网 10.10.2.0/24 到子网 10.10.1.0/24 的数据流，同时在 NAT 中排除 VPN 数据流。

```
[R2]acl number 3001
[R2-acl-adv-3001]rule permit ip source 10.10.2.0 0.0.0.255 destination
10.10.1.0 0.0.0.255
[R2]acl number 3000
[R2-acl-adv-3000] rule 10 deny ip source 10.10.2.0 0.0.0.255 destination
10.10.1.0 0.0.0.255
```

（6）配置 IPSec 安全提议，并定义 IPSec 的保护方法。

配置 IPSec 安全提议，主要配置 IPSec 安全协议，具体包括以下内容。

① 创建 IPSec 安全提议。

② 配置 IPSec 安全提议采用的安全协议，可以采用 AH、ESP 或 AH-ESP。

③ 当采用 ESP 协议时，ESP 协议允许对报文同时进行加密和认证，或者只进行加密，或者只进行认证。根据需要配置 ESP 协议的认证算法、加密算法。

④ 配置安全协议对数据的封装模式（可选隧道模式或传输模式）。

```
[R1]ipsec proposal cap1
[R1-ipsec-proposal-cap1]transform esp
[R1-ipsec-proposal-cap1]esp authentication-algorithm sha2-256
[R1-ipsec-proposal-cap1]esp encryption-algorithm aes-128
[R1-ipsec-proposal-cap1]encapsulation-mode tunnel
//在路由器 R2 上配置与 R1 相同的 IPSec 安全提议
[R2]ipsec proposal cap1
[R2-ipsec-proposal-cap1]transform esp
[R2-ipsec-proposal-cap1]esp authentication-algorithm sha2-256
[R2-ipsec-proposal-cap1]esp encryption-algorithm aes-128
[R2-ipsec-proposal-cap1]encapsulation-mode tunnel
```

（7）配置 IKE 安全提议，具体包括以下内容。

① 创建 IKE 安全提议。

② 配置认证方式。在默认情况下，IKE 安全提议使用 pre-shared key 认证方法。

③ 配置对等体之间的认证算法。在默认情况下，IKE 安全提议使用 SHA-256 认证算法。

④ 配置 IKE 安全提议所使用的加密算法。在默认情况下，IKE 安全提议使用 AES-CBC-256 加密算法。

⑤ 配置 IKE 密钥协商采用的 DH 密钥交换参数。在默认情况下，IKE 密钥协商采用的 DH 密钥交换参数为 group2。

⑥ 配置生存周期。在默认情况下，IKE SA 的生存周期为 86400s，即 24h。

```
//配置路由器 R1 的 IKE 安全提议
[R1]ike proposal 5
[R1-ike-proposal-5]authentication-method pre-share
[R1-ike-proposal-5]encryption-algorithm aes-cbc-128
[R1-ike-proposal-5]authentication-algorithm sha1
[R1-ike-proposal-5]dh group2
```

```
[R1-ike-proposal-5]sa duration 86400
//配置路由器 R2 的 IKE 安全提议，与路由器 R1 中的配置保持一致。
[R2]ike proposal 5
[R2-ike-proposal-5]authentication-method pre-share
[R2-ike-proposal-5]encryption-algorithm aes-cbc-128
[R2-ike-proposal-5]authentication-algorithm sha1
[R2-ike-proposal-5]dh group2
[R2-ike-proposal-5]sa duration 86400
```

（8）配置 IKE 对等体，并定义对等体之间的 IKE 协商属性，具体包括以下内容。

① 创建 IKE 对等体，可以采用 IKEv1 和 IKEv2 两种版本之一，此处采用 IKEv1。

② 引用前面创建的 IKE 安全提议。

③ 配置认证密钥。当采用预共享密钥认证时，IKE 对等体与对端使用共享的认证密钥进行认证。此时，两个对端的认证密钥必须保持一致。如果使用 simple 选项，则会以明文形式将密码保存在配置文件中。这种方式存在一定的安全隐患。如果使用 cipher 选项，则会以密文形式将密码保存在配置文件中。这种方式更安全，建议采用。

④ 配置 IKEv1 在第一阶段的协商模式。IKEv1 在第一阶段的协商模式为主模式和野蛮模式。主模式可以提供身份保护，而野蛮模式的协商速度更快，但不提供身份保护。

⑤ 配置 IKE 协商时的本端 IP 地址。根据路由选择到对端的出接口 IP 地址，将该出接口 IP 地址作为本端 IP 地址。在一般情况下，可以不配置本端 IP 地址。

⑥ 配置 IKE 协商时的对端 IP 地址或域名。

⑦ 配置本端 ID 类型，并根据本端 ID 类型配置本端和对端 ID。执行"local-id-type { dn | ip }"命令配置 IKE 协商时的本端 ID 类型。在默认情况下，IKE 协商时的本端 ID 类型为 IP 地址形式。在 IKEv1 中，要求本端 ID 类型与对端 ID 类型保持一致，即指定了本端 ID 类型的同时，默认指定了对端 ID 类型。

```
//配置路由器 R1 的对等体及 IKE 协商属性
[R1]ike peer R2 v1
[R1-ike-peer-R2]ike-proposal 5
[R1-ike-peer-R2]pre-shared-key cipher xxgc123
[R1-ike-peer-R2]exchange-mode main
[R1-ike-peer-R2]remote-address 200.1.2.1
[R1-ike-peer-R2]local-address 200.1.1.1
[R1-ike-peer-R2]local-id-type ip
//配置路由器 R2 的对等体及 IKE 协商属性，与路由器 R1 中的配置保持一致
[R2]ike peer R1 v1
[R2-ike-peer-R1]ike-proposal 5
[R2-ike-peer-R1]pre-shared-key cipher xxgc123
[R2-ike-peer-R1]exchange-mode main
[R2-ike-peer-R1]remote-address 200.1.1.1
[R2-ike-peer-R1]local-address 200.1.2.1
```

（9）配置安全策略。

安全策略配置分为手动（Manual）方式安全策略、通过 ISAKMP 创建 IKE 动态协商方式的安全策略和通过策略模板创建 IKE 动态协商方式安全策略。安全策略配置主要通过引

用 ACL、IPSec 安全提议和 IKE 对等体来确定对哪种数据流采取哪种保护方法，具体包括以下内容。

① 通过 ISAKMP 创建 IKE 动态协商方式的安全策略。创建 IKE 动态协商方式安全策略，并进入 IKE 动态协商方式安全策略视图，在安全策略中引用 ACL。一个安全策略只能引用一个 ACL。如果安全策略引用了多个 ACL，则以最后引用的 ACL 为准。

② 在安全策略中引用 IKE 对等体。

③ 在安全策略中引用 IPSec 安全提议。一个 IKE 动态协商方式的安全策略最多可以引用 12 个 IPSec 安全提议。当隧道两端进行 IKE 协商时，将在安全策略中引用最先能够完全匹配的 IPSec 安全提议。如果 IKE 在两端找不到完全匹配的 IPSec 安全提议，则不能建立 SA。

④ 配置 IPSec 隧道的本端 IP 地址。在默认情况下，系统没有配置 IPSec 隧道的本端 IP 地址。对于 IKE 动态协商方式安全策略，一般不需要配置 IPSec 隧道的本端 IP 地址。在进行协商时，SA 会根据路由选择 IPSec 隧道的本端 IP 地址。

```
//在路由器 R1 上配置 IKE 动态协商方式安全策略 net1
[R1]ipsec policy net1 10 isakmp
[R1-ipsec-policy-isakmp-net1-10]ike-peer R2
[R1-ipsec-policy-isakmp-net1-10]proposal cap1
[R1-ipsec-policy-isakmp-net1-10]security acl 3001
[R1-ipsec-policy-isakmp-net1-10]tunnel local 200.1.1.1
[R1-ipsec-policy-isakmp-net1-10]sa trigger-mode auto
//在路由器 R2 上配置 IKE 动态协商方式安全策略 net1
[R2]ipsec policy net1 10 isakmp
[R2-ipsec-policy-isakmp-net1-10]ike-peer R1
[R2-ipsec-policy-isakmp-net1-10]proposal cap1
[R2-ipsec-policy-isakmp-net1-10]security acl 3001
[R2-ipsec-policy-isakmp-net1-10]tunnel local 200.1.2.1
[R2-ipsec-policy-isakmp-map1-10]sa trigger-mode auto
```

（10）在接口上应用安全策略组。分别在路由器 R1 和 R2 的接口上应用各自的安全策略组，使接口具有 IPSec 的保护功能。

```
//在路由器 R1 的接口上应用安全策略组
[R1]interface gigabitethernet 0/0/0
[R1-GigabitEthernet0/0/0]ipsec policy net1
//在路由器 R2 的接口上应用安全策略组
[R2]interface gigabitethernet 0/0/0
[R2-GigabitEthernet0/0/0]ipsec policy net1
```

11.2.5　项目测试

（1）执行"display ip routing-table"命令查看路由器 R1 和 R2 的路由表，结果如图 11-8 和图 11-9 所示。

IPSec VPN 的部署实施-验证测试

```
E AR1                                                        □ _ □ X
[R1]display ip routing-table
Route Flags: R - relay, D - download to fib
----------------------------------------------------------------
Routing Tables: Public
          Destinations : 11      Routes : 11

Destination/Mask    Proto  Pre  Cost      Flags NextHop        Interface

        0.0.0.0/0   Static 60   0          RD   200.1.1.2      GigabitEthernet
0/0/0
       10.10.1.0/24 Direct 0    0          D    10.10.1.254    GigabitEthernet
0/0/1
    10.10.1.254/32  Direct 0    0          D    127.0.0.1      GigabitEthernet
0/0/1
    10.10.1.255/32  Direct 0    0          D    127.0.0.1      GigabitEthernet
0/0/1
      127.0.0.0/8   Direct 0    0          D    127.0.0.1      InLoopBack0
      127.0.0.1/32  Direct 0    0          D    127.0.0.1      InLoopBack0
127.255.255.255/32  Direct 0    0          D    127.0.0.1      InLoopBack0
      200.1.1.0/30  Direct 0    0          D    200.1.1.1      GigabitEthernet
0/0/0
      200.1.1.1/32  Direct 0    0          D    127.0.0.1      GigabitEthernet
0/0/0
      200.1.1.3/32  Direct 0    0          D    127.0.0.1      GigabitEthernet
0/0/0
255.255.255.255/32  Direct 0    0          D    127.0.0.1      InLoopBack0

[R1]
```

图 11-8 路由器 R1 的路由表

```
E AR2                                                        □ _ □ X
[R2]display ip routing-table
Route Flags: R - relay, D - download to fib
----------------------------------------------------------------
Routing Tables: Public
          Destinations : 11      Routes : 11

Destination/Mask    Proto  Pre  Cost      Flags NextHop        Interface

        0.0.0.0/0   Static 60   0          RD   200.1.2.2      GigabitEthernet
0/0/0
       10.10.2.0/24 Direct 0    0          D    10.10.2.254    GigabitEthernet
0/0/1
    10.10.2.254/32  Direct 0    0          D    127.0.0.1      GigabitEthernet
0/0/1
    10.10.2.255/32  Direct 0    0          D    127.0.0.1      GigabitEthernet
0/0/1
      127.0.0.0/8   Direct 0    0          D    127.0.0.1      InLoopBack0
      127.0.0.1/32  Direct 0    0          D    127.0.0.1      InLoopBack0
127.255.255.255/32  Direct 0    0          D    127.0.0.1      InLoopBack0
      200.1.2.0/30  Direct 0    0          D    200.1.2.1      GigabitEthernet
0/0/0
      200.1.2.1/32  Direct 0    0          D    127.0.0.1      GigabitEthernet
0/0/0
      200.1.2.3/32  Direct 0    0          D    127.0.0.1      GigabitEthernet
0/0/0
255.255.255.255/32  Direct 0    0          D    127.0.0.1      InLoopBack0

[R2]
```

图 11-9 路由器 R2 的路由表

（2）在 PC1 上测试能否 ping 通 PC2，结果为可以互通，如图 11-10 所示。

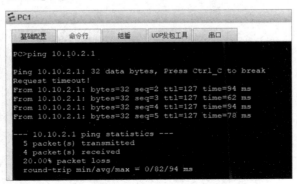

图 11-10 PC1 与 PC2 互通

（3）执行 "display ike sa" 命令查看 IKE SA 情况，结果如图 11-11 所示。

```
[R1]display ike sa
   Conn-ID Peer            VPN   Flag(s)              Phase
   ------------------------------------------------------------------
      14    200.1.2.1        0    RD                    2
      12    200.1.2.1        0    RD                    1

Flag Description:
RD--READY   ST--STAYALIVE   RL--REPLACED   FD--FADING   TO--TIMEOUT
HRT--HEARTBEAT   LKG--LAST KNOWN GOOD SEQ NO.   BCK--BACKED UP

[R1]
```

图 11-11　IKE SA 情况

（4）执行"dis ipsec sa"命令查看 IPSec SA 情况，结果如图 11-12 所示。

```
[R1]dis ipsec sa

===============================
Interface: GigabitEthernet0/0/0
 Path MTU: 1500
===============================

  -----------------------------
  IPSec policy name: "net1"
  Sequence number  : 10
  Acl Group        : 3001
  Acl rule         : 5
  Mode             : ISAKMP
  -----------------------------
    Connection ID     : 14
    Encapsulation mode: Tunnel
    Tunnel local      : 200.1.1.1
    Tunnel remote     : 200.1.2.1
    Flow source       : 10.10.1.0/255.255.255.0 0/0
    Flow destination  : 10.10.2.0/255.255.255.0 0/0
    Qos pre-classify  : Disable

    [Outbound ESP SAs]
     SPI: 1269421541 (0x4ba9d5e5)
     Proposal: ESP-ENCRYPT-AES-128 SHA2-256-128
     SA remaining key duration (bytes/sec): 1887283200/3208
     Max sent sequence-number: 10
     UDP encapsulation used for NAT traversal: N

    [Inbound ESP SAs]
     SPI: 701156335 (0x29cacbef)
     Proposal: ESP-ENCRYPT-AES-128 SHA2-256-128
     SA remaining key duration (bytes/sec): 1887436260/3208
     Max received sequence-number: 9
     Anti-replay window size: 32
     UDP encapsulation used for NAT traversal: N
[R1]
```

图 11-12　IPSec SA 情况

（5）执行"display ike proposal"命令查看 IPSec 的配置信息，结果如图 11-13 所示。

```
[R1]display ike proposal

Number of IKE Proposals: 2

--------------------------------------------
 IKE Proposal: 5
   Authentication method      : pre-shared
   Authentication algorithm   : SHA1
   Encryption algorithm       : AES-CBC-128
   DH group                   : MODP-1024
   SA duration                : 86400
   PRF                        : PRF-HMAC-SHA
--------------------------------------------

--------------------------------------------
 IKE Proposal: Default
   Authentication method      : pre-shared
   Authentication algorithm   : SHA1
   Encryption algorithm       : DES-CBC
   DH group                   : MODP-768
   SA duration                : 86400
   PRF                        : PRF-HMAC-SHA
--------------------------------------------

[R1]
```

图 11-13　IPSec 的配置信息

11.2.6 任务书

一、实训目的

（1）通过项目实践，了解 IPSec 协议框架体系，理解 IPSec VPN 的工作原理及应用，学会规划部署 IPSec VPN 实现远程安全访问。

（2）树立网络安全意识，增强法律意识。

二、实训要求

请根据项目背景及项目规划设计，完成以下任务。

（1）按照图 11-7 搭建网络拓扑结构，并配置设备的接口 IP 地址。

（2）配置默认路由，实现两个校区都能够接入因特网。

（3）规划部署 IPSec VPN，实现新都校区与龙泉校区之间网络的安全互联。

（4）进行测试。

三、评分标准

（1）网络拓扑结构布局简洁、美观，标注清晰。（10%）

（2）正确配置，两个校区都能够接入因特网。（5%）

（3）规划部署 IPSec VPN 正确，可以实现网络的安全互联。（75%）

（4）测试正确。（10%）

四、设备配置截图

五、测试结果截图

六、教师评语

实验成绩：   教师：

习题 11

一、单选题

1. （   ）属于 IPSec 工作模式。

A．输入模式　　　　B．隧道模式　　　　C．穿越模式　　　　D．嵌套模式

2. IPSec 工作于（   ）。

A．数据链路层　　　B．网络层　　　　　C．传输层　　　　　D．应用层

3. 以下关于 VPN 的说法，正确的是（   ）。

A．VPN 指的是用户自己租用线路，在物理上与公共网络完全隔离的、安全的线

B．VPN 指的是用户通过公有网络建立的临时的、安全的连接

C．VPN 不能做到信息验证和身份认证

D．VPN 只能提供身份认证功能，不能提供加密数据功能

4. 如果 VPN 网络需要运行动态路由协议并提供私网数据加密功能，则可以采用（   ）技术手段来实现。

A．GRE　　　　　　B．GRE+IPSec　　　C．L2TP+IPSec　　 D．PPP+IPSec

5. 以下关于 VPN 技术描述，正确的是（   ）。

A．在配置 GRE Tunnel 接口时，必须配置 Tunnel 接口的 IP 地址

B．由于 IPSec 是三层 VPN，因此无法穿越 NAT

C．IPSec 只能对 IP 报文进行安全加密，不能对 GRE、L2TP 报文进行安全加密

D．由于 GRE Tunnel 接口是逻辑接口，因此该接口无法启用 OSPF 路由协议

二、问答题

简述 VPN 的基本概念及应用。

网络安全综合案例一

《中华人民共和国网络安全法》第十八条 国家鼓励开发网络数据安全保护和利用技术，促进公共数据资源开放，推动技术创新和经济社会发展。国家支持创新网络安全管理方式，运用网络新技术，提升网络安全保护水平。

知识目标

（1）熟悉 ACL、NAT、链路聚合等安全技术的工作原理。
（2）掌握规划配置 ACL、NAT、链路聚合的方法。

能力目标

（1）具有分析网络安全需求，并确定解决方案的能力。
（2）具有使用 ACL、NAT、链路聚合技术提高网络的安全性的能力。

素质目标

（1）提高分析问题和解决问题的能力。
（2）培养严谨细致的工作作风。
（3）增强全局意识和网络安全意识。

网络安全综合
案例一-基本
网络搭建

网络安全综
案例一-安全
配置

任务　使用链路聚合及 ACL 技术实现安全管理

12.1.1　项目背景

某公司的骨干网络采用华为的三层交换机进行互联。由于该公司内网骨干段的访问量大，为了保证网络性能，避免拥塞，需要拓宽 CW3 与 CW4 之间的骨干链路网络带宽。内网采用 OSPF 实现互通，路由器 R1 的 Router ID 为 3.3.3.3，CW4 的 Router ID 为 2.2.2.2，CW3 的 Router ID 为 1.1.1.1；内网交换机 DW1 下划分了 2 个 VLAN，Ethernet 0/0/1～Ethernet 0/0/10 端口被划分至 VLAN10，Ethernet 0/0/11～Ethernet 0/0/20 端口被划分至 VLAN20。内网交换机 DW2 下划分了 2 个 VLAN，Ethernet 0/0/1～Ethernet 0/0/10 端口被划分至 VLAN30，Ethernet 0/0/11～Ethernet 0/0/20 端口被划分至 VLAN40；内网有一台 Web-1 服务器、一台 FTP 服务器；内网网段 VLAN10、VLAN20、VLAN30 的主机需要访问外网的 Web-2 服务器；网络拓扑结构及地址分配如图 12-1 所示。

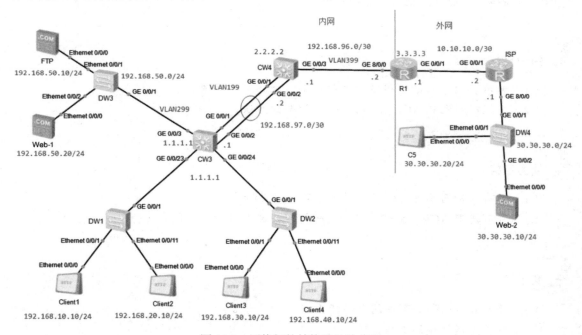

图 12-1　网络拓扑结构及地址分配

请根据图 12-1 搭建网络拓扑结构，通过规划部署 OSPF 实现全网互通，并在此基础上实现以下安全要求。

（1）在不更换设备的前提下，拓宽 CW3 与 CW4 之间的骨干链路带宽。

（2）FTP 服务器的内网地址为 192.168.50.10，外网访问使用的公网地址为 60.1.1.1。

（3）Web-1 服务器的内网地址为 192.168.50.20，端口为 80；外网访问使用的公网地址为 60.1.1.2，端口为 80。

（4）允许内网主机访问 FTP 服务，但禁止外网主机访问。

（5）内外网主机均可访问 Web-1 服务器中的 Web 服务（以下简称 Web-1 服务）。

（6）仅允许内网网段 VLAN10、VLAN20、VLAN30 的主机访问 Web-2 服务器中的 Web 服务（以下简称 Web-2 服务），禁止其他主机访问。

12.1.2　项目规划设计

根据该公司的网络建设背景，同时通过分析该公司的需求，可做如下规划设计。

（1）由于该公司的骨干网络采用华为的三层交换机进行互联，为了确保相应接口之间能够互联，因此对 VLAN 进行划分，具体如表 12-1 所示。

表 12-1　VLAN 划分

设备名	VLANID	对应接口	网段	网关地址
DW1	10	Ethernet 0/0/1～Ethernet 0/0/10	192.168.10.0/24	192.168.10.254/24
DW1	20	Ethernet 0/0/11～Ethernet 0/0/20	192.168.20.0/24	192.168.20.254/24
DW2	30	Ethernet 0/0/1～Ethernet 0/0/10	192.168.30.0/24	192.168.30.254/24
DW2	40	Ethernet 0/0/11～Ethernet 0/0/20	192.168.40.0/24	192.168.40.254/24
CW3	299	GE 0/0/3	—	192.168.50.1/24
CW3	199	GE 0/0/1 与 GE 0/0/2	—	192.168.97.1/30
CW4	199	GE 0/0/1 与 GE 0/0/2	—	192.168.97.2/30
CW4	399	GE 0/0/3	—	192.168.96.1/30

（2）想要在不更换设备的前提下拓宽 CW3 与 CW4 之间的骨干链路带宽，可以将 CW3 与 CW4 之间的两条相同链路 GE 0/0/1、GE 0/0/2 聚合成一条，以此来拓宽带宽，同时可以提高链路的可靠性。

（3）规划部署静态 NAT，将 FTP 服务器的内网地址 192.168.50.10 映射到 60.1.1.1 上。

（4）规划部署静态 NAPT，将 Web-1 服务器的内网地址和端口 80 映射到 60.1.1.2 的 80 端口上。

（5）在路由器 R1 上规划部署一个高级 ACL 3000，并创建规则，用于禁止外网主机访问 FTP 服务。

（6）在路由器 R1 上规划部署一个高级 ACL 3001，并创建规则，用于允许内网网段 VLAN10、VLAN20、VLAN30 的主机访问 Web-2 服务，并禁止其他主机访问。

12.1.3　项目部署实施

基本网络配置如下。

（1）按照图 12-1 搭建网络拓扑结构，并配置设备 IP 地址。

（2）在 FTP 服务器上搭建 FTP 服务。选择"服务器信息"选项卡，选择左侧的"FtpServer"选项，单击"文件根目录"右侧的▦按钮，打开"浏览文件夹"对话框，如图 12-2 所示。

图 12-2　"浏览文件夹"对话框 1

选择要共享的文件目录，单击"确定"按钮，关闭"浏览文件夹"对话框，单击"启动"按钮，启动 FTP 服务，如图 12-3 所示。

图 12-3　启动 FTP 服务

（3）分别在 Web-1 和 Web-2 服务器上搭建 Web 服务。选择"服务器信息"选项卡，选择左侧的"HttpServer"选项，单击"文件根目录"右侧的▭按钮，打开"浏览文件夹"对话框，如图 12-4 所示。

图 12-4　"浏览文件夹"对话框 2

选择事先准备好的网页文件，单击"确定"按钮，关闭"浏览文件夹"对话框，单击"启动"按钮，启动 Web 服务，如图 12-5 所示。

图 12-5　启动 Web 服务

（4）在 DW1、DW2 上规划配置 VLAN，在 CW3、CW4 上规划配置 VLAN、链路聚合和 OSPF 动态路由，在路由器 R1 上规划配置 OSPF 路由，在 ISP 上配置接口 IP 地址，具体配置过程如下。

```
//DW1 的配置
<huawei>sys
[huawei]sysname DW1
[DW1]vlan batch 10 20
[DW1]port-group group member e0/0/1 to e0/0/10
[DW1-port-group] port link-type access
[DW1-port-group] port default vlan 10
[DW1]port-group group member e0/0/11 to e0/0/20
[DW1-port-group] port link-type access
[DW1-port-group] port default vlan 20
[DW1-port-group]quit
[DW1]int g0/0/1
[DW1-g0/0/1] port link-type trunk
[DW1-g0/0/1] port trunk allow-pass vlan 2 to 4094
//DW2 的配置
<huawei>sys
[huawei]sysname DW2
[DW2]vlan batch 30 40
[DW2]port-group group member e0/0/1 to e0/0/10
[DW2-port-group] port link-type access
[DW2-port-group] port default vlan 30
[DW2]port-group group member e0/0/11 to e0/0/20
[DW2-port-group] port link-type access
[DW2-port-group] port default vlan 40
[DW2-port-group]quit
[DW2]int g0/0/1
[DW2-g0/0/1] port link-type trunk
[DW2-g0/0/1] port trunk allow-pass vlan 2 to 4094
//CW3 的配置
<huawei>sys
[huawei]sysname CW3
```

```
[CW3]vlan batch 10 20 30 40 199 299
[CW3]port link-type access
[CW3-g0/0/3]port default vlan 299

[CW3]interface vlanif10
[CW3-vlanif10]]ip address 192.168.10.254 255.255.255.0
[CW3]interface vlanif20
[CW3-vlanif20]]ip address 192.168.20.254 255.255.255.0
[CW3]interface vlanif30
[CW3-vlanif30]]ip address 192.168.30.254 255.255.255.0
[CW3]interface vlanif40
[CW3-vlanif40]]ip address 192.168.40.254 255.255.255.0
[CW3]interface vlanif299
[CW3-vlanif299]]ip address 192.168.50.1 255.255.255.252
[CW3-vlanif299]quit
//在 CW3 上配置聚合链路，使 GE 0/0/1 和 GE 0/0/2 聚合成一条链路
[CW3]interface Eth-Trunk1
[CW3-Eth-Trunk1]mode manual load-balance
[CW3-Eth-Trunk1]quit
[CW3]interface GigabitEthernet 0/0/1
[CW3-GigabitEthernet0/0/1] eth-trunk 1
[CW3]interface GigabitEthernet 0/0/2
[CW3-GigabitEthernet0/0/2] eth-trunk 1
//将聚合链路划分到 VLAN199 中，以便为聚合端口配置 IP 地址
[CW3]interface Eth-Trunk 1
[CW3-Eth-Trunk1]port link-type access
[CW3-Eth-Trunk1]port default vlan 199
[CW3]interface vlanif199
[CW3-vlanif199]]ip address 192.168.97.1 255.255.255.252
//配置 CW3 的 OSPF 动态路由
[CW3]ospf 1 router-id 1.1.1.1
[CW3-ospf-1]silent-interface vlanif10
[CW3-ospf-1]silent-interface vlanif20
[CW3-ospf-1]silent-interface vlanif30
[CW3-ospf-1]silent-interface vlanif40
[CW3-ospf-1]silent-interface G0/0/3
[CW3-ospf-1]area 0.0.0.0
[CW3-ospf-1-area-0.0.0.0]network 192.168.10.0 0.0.0.255
[CW3-ospf-1-area-0.0.0.0]network 192.168.20.0 0.0.0.255
[CW3-ospf-1-area-0.0.0.0]network 192.168.30.0 0.0.0.255
[CW3-ospf-1-area-0.0.0.0]network 192.168.40.0 0.0.0.255
[CW3-ospf-1-area-0.0.0.0]network 192.168.50.0 0.0.0.255
[CW3-ospf-1-area-0.0.0.0]network 192.168.97.0 0.0.0.3

//CW4 的配置
<huawei>sys
[huawei]sysname CW4
[CW4]vlan batch  199 399
```

```
[CW4]int g0/0/3
[CW4-g0/0/3] port link-type access
[CW4-g0/0/3] port default vlan 399
[CW4]interface vlanif399
[CW4-vlanif399]]ip address 192.168.96.1 255.255.255.252
```
//在 CW4 上配置链路聚合，使 GE 0/0/1 和 GE 0/0/2 聚合成一条链路
```
[CW4]interface  Eth-Trunk1
[CW4-Eth-Trunk1]mode manual load-balance
[CW4-Eth-Trunk1]quit
[CW4]interface GigabitEthernet 0/0/1
[CW4-GigabitEthernet0/0/1] eth-trunk 1
[CW4]interface GigabitEthernet 0/0/2
[CW4-GigabitEthernet0/0/2] eth-trunk 1
```
//将聚合链路划分到 VLAN199 中，以便为聚合端口配置 IP 地址
```
[CW4]interface Eth-Trunk 1
[CW4-Eth-Trunk1]port link-type access
[CW4-Eth-Trunk1]port default vlan 199
[CW4]interface vlanif199
[CW4-vlanif199]]ip address 192.168.97.2  255.255.255.252
```
//配置 CW4 的 OSPF 动态路由
```
[CW4]ospf 1 router-id 2.2.2.2
[CW4-ospf-1]area 0.0.0.0
[CW4-ospf-1-area-0.0.0.0]network 192.168.97.0  0.0.0.3
[CW4-ospf-1-area-0.0.0.0]network 192.168.96.0  0.0.0.3
```

//路由器 R1 的配置
```
<huawei>sys
[huawei]sysname R1
[R1]interface GigabitEthernet0/0/1
[R1-G0/0/1]ip address 10.10.10.1 255.255.255.252
[R1]interface GigabitEthernet8/0/0
[R1-GigabitEthernet8/0/0]]ip address 192.168.96.2 255.255.255.252
```
//规划默认路由到外网
```
[R1]ip route-static 0.0.0.0  0.0.0.0  10.10.10.2
```
//规划路由器 R1 的 OSPF，将默认路由通过 OSPF 进程重发布到内网
```
[R1]ospf 1 router-id 3.3.3.3
[R1-ospf-1]area 0.0.0.0
[R1-ospf-1]default-route-advertise always
[R1-ospf-1-area-0.0.0.0]network 10.10.10.0  0.0.0.3
[R1-ospf-1-area-0.0.0.0]network 192.168.96.0  0.0.0.3
```

//ISP 的配置
```
<huawei>sys
[huawei]sysname ISP
[ISP]interface GigabitEthernet0/0/1
[ISP-G0/0/1]ip address 10.10.10.2 30
[ISP]interface GigabitEthernet8/0/0
```

```
[ISP-G8/0/0]ip address 30.30.30.1 24
[ISP]ip route-static 0.0.0.0  0.0.0.0  10.10.10.1
```

（5）在各终端上测试全网的连通性，如在 Client1 上测试与 Client4 的连通性，结果为可以互通，如图 12-6 所示。

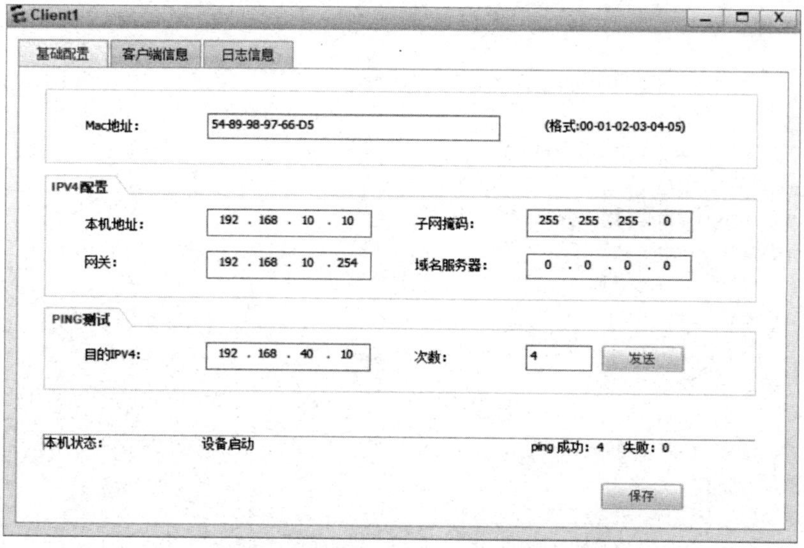

图 12-6　Client1 与 Client4 可以互通

在 Client1 上测试与 FTP 服务器的连通性，结果为可以互通，如图 12-7 所示。

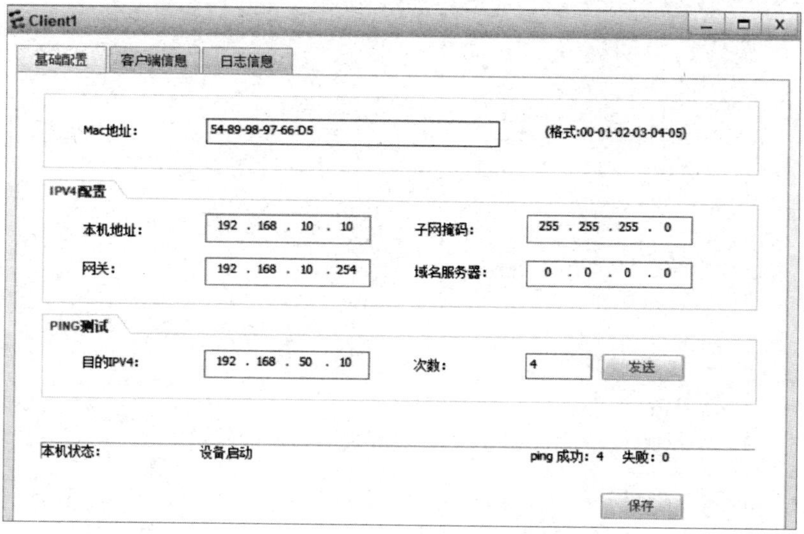

图 12-7　Client1 与 FTP 服务器可以互通

在 Client1 上测试与 Web-1 服务器的连通性，结果为可以互通，如图 12-8 所示。

在 Client1 上测试与外网 Web-2 服务器的连通性，结果为可以互通，如图 12-9 所示。

在 Client1 上测试与外网主机 C5 的连通性，结果为可以互通，如图 12-10 所示。

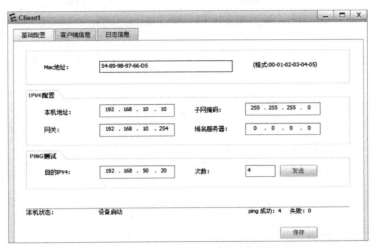

图 12-8　Client1 与 Web-1 服务器可以互通

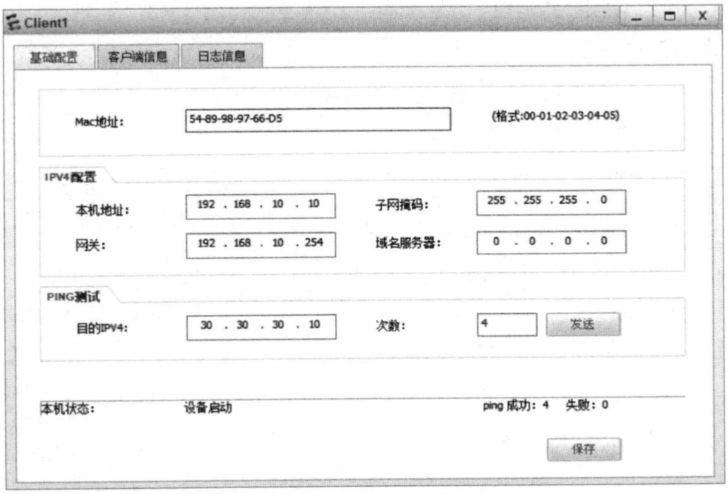

图 12-9　Client1 与 Web-2 服务器可以互通

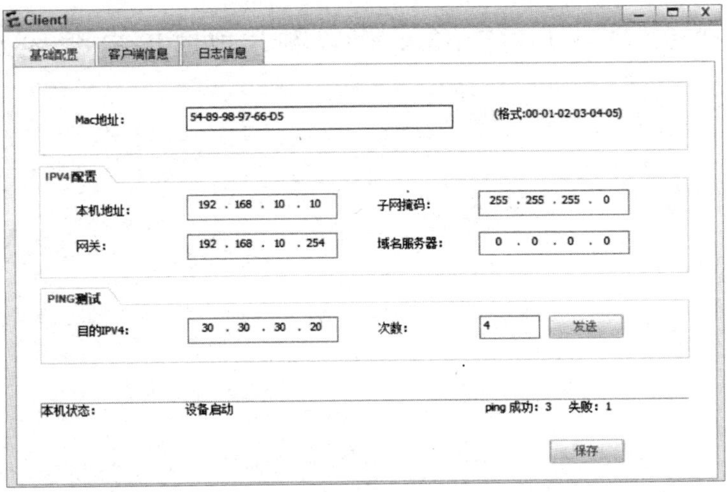

图 12-10　Client1 与 C5 可以互通

由此可知，当前全网可以互通，即 Client1 能够 ping 通 Client4、FTP 服务器、Web-1 服务器、Web-2 服务器和外网主机 C5。

（6）在路由器 R1 上规划配置静态 NAT，将 FTP 服务器的 192.168.50.10 内网地址映射到公网地址 60.1.1.1 上。

```
[R1]int G0/0/1
[R1-G0/0/1]nat static global 60.1.1.1 inside 192.168.50.10 netmask 255.255.255.255
```

（7）在路由器 R1 上规划配置 NAPT，将 Web-1 服务器的地址 192.68.50.20 和 80 端口映射到公网地址 60.1.1.2 的 80 端口上。

```
[R1-G0/0/1]nat server protocol tcp global 60.1.1.2 www inside 192.168.50.20 www
```

12.1.4 项目测试

（1）测试 NAT 和 NAPT 的配置，从外网主机 C5 ping FTP 服务器，结果为可以 ping 通，如图 12-11 所示。

网络安全综合案例一-验证测试

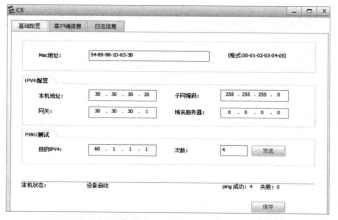

图 12-11 外网主机 C5 可以 ping 通 FTP 服务器

从外网主机 C5 访问 Web-1 服务，结果为可以访问，如图 12-12 所示。

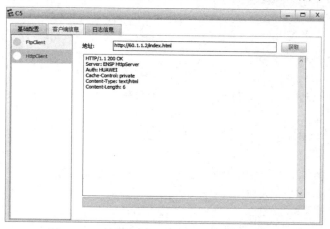

图 12-12 外网主机 C5 访问 Web-1 服务成功

（2）通过部署安全访问控制策略，实现仅允许内网主机访问 FTP 服务，禁止外网主机访问；内外网主机均可访问 Web-1 服务；仅允许内网网段 VLAN10、VLAN20、VLAN30 的主机访问 Web-2 服务，禁止其他主机访问，具体配置如下。

```
//规划 ACL 3000，实现仅禁止外网主机访问 FTP 服务
[R1]acl number 3000
[R1-acl-adv-3001]rule 5 deny tcp destination-port eq ftp
[R1]int G0/0/1
[R1-G0/0/1]traffic-filter inbound acl 3000
//规划 ACL 3001，实现仅允许内网网段 VLAN10、VLAN20、VLAN30 的主机访问 Web-2 服务
[R1]acl number 3001
[R1-acl-adv-3000]rule 5 permit tcp source 192.168.10.0 0.0.0.255 destination 30.30.30.10 0 destination-port eq www
[R1-acl-adv-3000]rule 10 permit tcp source 192.168.20.0 0.0.0.255 destination 30.30.30.10 0 destination-port eq www
[R1-acl-adv-3000]rule 15 permit tcp source 192.168.30.0 0.0.0.255 destination 30.30.30.10 0 destination-port eq www
[R1-acl-adv-3000]rule 20 deny tcp source any destination 30.30.30.10 0 destination-port eq www
[R1]int G8/0/0
[R1-G8/0/0]traffic-filter inbound acl 3001
```

（3）测试内外网主机是否均可以访问 Web-1 服务，结果为可以访问，如图 12-13 和图 12-14 所示。

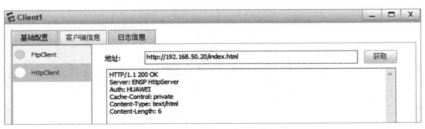

图 12-13 Client1 访问 Web-1 服务成功

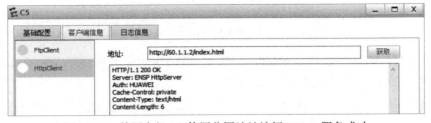

图 12-14 外网主机 C5 使用公网地址访问 Web-1 服务成功

测试是否仅内网主机可以访问 FTP 服务，即外网主机 C5 无法访问 FTP 服务，结果为无法访问，如图 12-15 所示；测试内网主机 Client4 是否可以访问 FTP 服务，结果为可以访问，如图 12-16 所示。

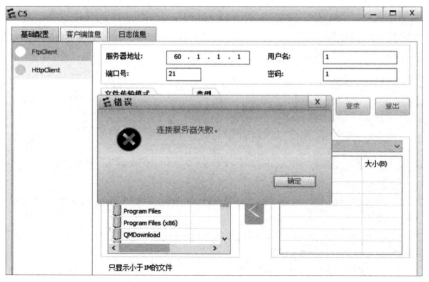

图 12-15　外网主机 C5 访问 FTP 服务失败

图 12-16　内网主机 Client4 访问 FTP 服务成功

　　测试内网网段 VLAN10、VLAN20 和 VLAN30 的主机是否可访问 Web-2 服务，结果如图 12-17、图 12-18、图 12-19 和图 12-20 所示。

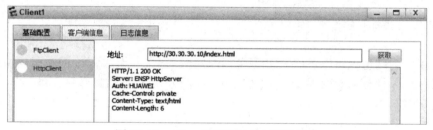

图 12-17　Client1 访问 Web-2 服务成功

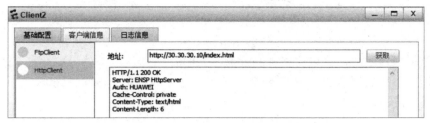

图 12-18　Client2 访问 Web-2 服务成功

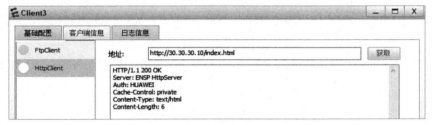

图 12-19　Client3 访问 Web-2 服务成功

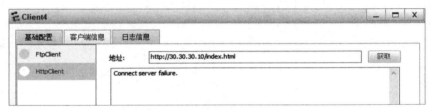

图 12-20　Client4 访问 Web-2 服务失败

12.1.5　任务书

一、实训目的

（1）通过项目实践，进一步理解 VLAN、OSPF、链路聚合、ACL、NAT、FTP 与 Web 的工作原理，掌握 VLAN、OSPF、链路聚合、ACL、NAT、FTP 与 Web 服务的规划部署及综合应用。

（2）树立网络安全意识，增强法律意识，培养良好的职业道德。

二、实训要求

根据图 12-1 搭建网络拓扑结构，基于项目背景及项目规划设计要求完成以下任务。

（1）配置设备的接口 IP 地址。

（2）规划部署 VLAN，实现 VLAN 内部及 VLAN 之间能够相互通信。

（3）规划部署 OSPF 及默认路由，实现全网互通。

（4）规划部署 ACL，搭建 FTP 服务器和 Web 服务器，满足安全访问需求。

（5）规划部署链路聚合，拓宽内网骨干链路带宽。

（6）规划部署 NAT，实现内网安全访问外网。

（7）进行测试。

三、评分标准

（1）网络拓扑结构布局简洁、美观，标注清晰。（5%）

（2）部署搭建网络，可以实现内网互通。（20%）

（3）正确规划部署 ACL、链路聚合、NAT，可以实现安全访问。（60%）

（4）进行测试。（15%）

四、设备配置截图

五、测试结果截图

六、教师评语

实验成绩：   教师：

习题 12

一、单选题

1. NAT 位于（   ）。

A. 物理层   B. 数据链路层   C. 网络层   D. 传输层

2. （   ）不属于 NAT 的基本工作方式。

A. 一对一   B. 一对多

C. 多对一   D. 多对多

3．当规则冲突时，若匹配顺序为 auto，则优先考虑（　　　）。

A．描述地址范围小的规则　　　　　　B．描述地址范围大的规则

C．先配置的规则　　　　　　　　　　D．后配置的规则

4．标准 ACL 仅使用（　　　）定义规则。

A．源端口号　　　　　　　　　　　　B．目的端口号

C．源 IP 地址　　　　　　　　　　　D．目的 IP 地址

5．下面关于 NAT 的叙述，错误的是（　　　）。

A．NAT 是英文"地址转换"的缩写

B．地址转换也被称为地址代理，用来转换私有地址与公有网络地址

C．当内部网络的主机访问外部网络时，一定不需要进行 NAT

D．地址转换为解决 IP 地址紧张的问题提供了一个有效途径

二、问答题

ACL 有哪些作用？链路聚合有哪些作用？

网络安全综合案例二

《中华人民共和国网络安全法》第二十七条 任何个人和组织不得从事非法侵入他人网络、干扰他人网络正常功能、窃取网络数据等危害网络安全的活动；不得提供专门用于从事侵入网络、干扰网络正常功能及防护措施、窃取网络数据等危害网络安全活动的程序、工具；明知他人从事危害网络安全的活动的，不得为其提供技术支持、广告推广、支付结算等帮助。

知识目标

（1）理解 DHCP 技术的工作原理。
（2）理解 DHCP 欺骗攻击、DHCP 洪泛攻击的原理及防御措施。
（3）理解 MAC 地址洪泛攻击的原理及防御措施。
（4）理解 ARP 中间人攻击的原理及防御措施。
（5）理解 IP 地址欺骗攻击的原理及防御措施。

能力目标

（1）具有综合部署实施网络安全的能力。
（2）具有分析网络安全需求，并选用合适解决方案的能力。
（3）具有部署实施恰当的安全技术防范常见网络攻击的能力。

素质目标

（1）提高分析问题和解决问题的能力。
（2）培养严谨细致的工作作风。
（3）增强全局意识和网络安全意识。

任务　使用安全技术防范网络攻击

13.1.1　攻防技术的原理

1. DHCP 技术的工作原理

DHCP（Dynamic Host Configuration Protocol，动态主机配置协议）是一个简化主机 IP 地址分配管理的 TCP/IP 标准协议。DHCP 通常被应用在大型的局域网络环境中，主要作用是集中管理、分配 IP 地址，使网络环境中的主机或终端设备动态获得 IP 地址、网关地址、DNS 服务器地址等信息，提升地址的使用率。

众所周知，每台联网设备在接入网络时都需要唯一的 IP 地址，以便进行识别。网络管理员通常会手动为路由器、交换机、服务器等固定不变的网络设备分配静态 IP 地址。这些设备通常为网上用户和设备提供服务，因此会被分配静态地址。同时，网络管理员可以远程管理这些设备。在大型网络中，有大量的主机和终端设备需要接入网络，而这些设备的位置经常变化。如果网络管理员仍采用手动分配静态 IP 地址的方式，不仅工作量非常大，而且很容易出现地址冲突等错误。因此，可以通过引入 DHCP 服务器来简化主机、终端设备和移动设备的 IP 地址分配工作，提高管理效率，并确保组织地址的一致性，避免地址冲突。

1）DHCP 地址申请

DHCP 地址申请过程分为发现、提供、选择和确认 4 个阶段，如图 13-1 所示。

1. DHCP 发现阶段：DHCP 客户端发送 DHCP DISCOVER 以寻找 DHCP 服务器

2. DHCP 提供阶段：DHCP 服务器向 DHCP 客户端发送 DHCP OFFER 以提供IP地址

3. DHCP 选择阶段：DHCP 客户端发送 DHCP REQUEST 以选择 DHCP 服务器

4. DHCP 确认阶段：DHCP服务器向DHCP客户端发送 DHCP ACK 确认提供IP地址

DHCP客户端

DHCP服务器

图 13-1　DHCP 地址申请过程

（1）DHCP 客户端寻找 DHCP 服务器阶段：DHCP 客户端以广播方式向网络发送一个 DHCP DISCOVER 发现报文，并使用 0.0.0.0 作为源地址，使用 255.255.255.255 作为目标地址。

（2）DHCP 服务器提供 IP 地址租用阶段：网络内的所有 DHCP 服务器都会收到该报文并做出响应，这些 DHCP 服务器会从地址池中选择一个空闲的 IP 地址分配给 DHCP 客户端，之后会向 DHCP 客户端广播一条愿意提供租约的 DHCP OFFER 提供报文。

（3）DHCP 客户端选择某台 DHCP 服务器提供的 IP 地址阶段：如果有多台 DHCP 服务器向 DHCP 客户端发送 DHCP OFFER 提供报文，则 DHCP 客户端只接收第一个 DHCP OFFER 提供报文，并以广播方式回答一个 DHCP REQUEST 请求报文。

（4）DHCP 服务器确认提供的 IP 地址阶段：当被选中的 DHCP 服务器接收到 DHCP 客户

端的 DHCP REQUEST 请求报文后，会向客户端广播一个 DHCP ACK 确认报文，表示已接收客户端的选择，并先将此合法租用的 IP 地址及其他网络配置信息都放入该报文包，然后发给 DHCP 客户端。

2）DHCP 地址租期更新

DHCP 客户端在申请到 IP 地址后，由于该地址是有使用期限的（华为设备默认租期为 1 天），在默认情况下，当租期剩余 50% 时，DHCP 客户端会更新租约。此时，DHCP 客户端向分配 IP 地址的服务器发送 DHCP 请求报文，以申请延长 IP 地址的租期；DHCP 服务器会向客户端发送 DHCP 应答报文，向 DHCP 客户端发送新的租期。

3）DHCP 地址重绑定

当 DHCP 客户端发送 DHCP 请求报文以申请续租时，如果没有收到 DHCP 服务器的 DHCP 应答报文，则在默认情况下，在租期剩余 12.5% 时会发生超时。一旦发生超时，DHCP 客户端会认为原 DHCP 服务器不可用，并重新发送 DHCP REQUEST 请求报文。在网络中，任何一台 DHCP 服务器都可以应答 DHCP 确认报文或 DHCP 非确认报文。如果 DHCP 客户端收到 DHCP 应答报文，则重新进入绑定状态；如果 DHCP 客户端收到 DHCP 非确认报文，则进入初始化状态。此时，DHCP 客户端必须立刻停止使用现有 IP 地址，并重新申请。

4）DHCP 地址释放

在 IP 地址租约到期前，如果 DHCP 客户端没有收到 DHCP 服务器的响应，则停止使用此 IP 地址。如果 DHCP 客户端不再使用分配的 IP 地址，则可以主动向 DHCP 服务器发送 DHCP RELEASE 报文，以释放该 IP 地址。通常，在主机的控制台下执行"ipconfig /release"命令可以释放 IP 地址，执行"ipconfig /renew"命令可以重新申请 IP 地址。

5）DHCP 地址池

在网络中，专用服务器、交换机和路由器等都可以作为 DHCP 服务器，提供动态地址分配服务。DHCP 服务器的地址池用来定义可分配给 DHCP 客户端使用的 IP 地址范围。

华为的路由器和交换机将地址池分为接口地址池和全局地址池两种形式。接口地址池是连接到同一网段的主机或终端可分配的 IP 地址范围。全局地址池是所有连接到 DHCP 服务器的终端可分配的 IP 地址范围。接口地址池的优先级比全局地址池的优选级高。如果为接口配置了全局地址池，但又为其配置了接口地址池，则 DHCP 客户端会从接口地址池中获取 IP 地址。在 X7 系列交换机上，只能在 VLANIF 逻辑接口上配置接口地址池。DHCP 地址池如图 13-2 所示。

图 13-2　DHCP 地址池

6）华为 DHCP 服务器的部署要点

（1）DHCP 接口地址池的配置。

① 启用 DHCP 功能，并执行"dhcp enable"命令。

② 关联接口和接口地址池，进入接口，并执行"dhcp select interface"命令。

③ 指定接口地址池中 DNS 服务器的地址，并执行"dhcp server dns-list X.X.X.X"命令。

④ 配置接口地址池中不参与自动分配的 IP 地址范围，并执行"dhcp server excluded-ip-address X.X.X.X"命令。

⑤ 配置 DHCP 服务器接口地址池中 IP 地址的租期，并执行"dhcp server lease day X hour X"命令。在默认情况下，接口地址池中 IP 地址的租期为 1 天。

（2）全局地址池的配置。

① 创建全局地址池，并执行"ip pool 地址池名"命令。

② 配置全局地址池中可分配的网段地址，并执行"network X.X.X.X mask X"命令。

③ 配置 DHCP 服务器全局地址池的出口网关地址，并执行"gateway-list X.X.X.X"命令。

④ 配置 DHCP 全局地址池中 IP 地址的租期，并执行"lease day X hour X"命令。在默认情况下，IP 地址的租期是 1 天。

⑤ 启用接口的 DHCP 服务功能，并执行"dhcp select global"命令。

（3）在配置完后，执行"display ip pool"命令进行验证。

2. DHCP 攻击的原理及防御措施

DHCP 攻击可分为两种，一种是 DHCP 洪泛攻击，另一种是 DHCP 欺骗攻击。DHCP 洪泛攻击是指攻击者伪造大量的 IP 地址请求包，以此来消耗 DHCP 服务器的 IP 地址资源。当其他主机再次请求 IP 地址时，DHCP 服务器无法为其分配 IP 地址。这时，攻击者会伪造一个 DHCP 服务器向这些主机分配 IP 地址，并指定一个虚假的 DNS 服务器地址。当用户访问网站时，会被虚假的 DNS 服务器引导到错误的网站。如果普通客户端采用非加密方式传输数据，则攻击者可以利用这个机会窃取信息。DHCP 欺骗攻击是指攻击者冒充 DHCP 服务器，当 DHCP 客户端向网络发起 IP 地址请求时，为客户端分配虚假的 IP 地址和网络参数，从而导致客户端无法正常通信，或者将客户端引导到错误的地址。

1）DHCP 洪泛攻击的防御措施

（1）报文限速。报文限速可以防御设备因处理大量 DHCP 报文而导致 CPU 负荷过重，从而无法处理其他业务。这一功能可以基于交换机端口和基于源 MAC 地址进行限速。

（2）限制端口可申请的 IP 地址数量。限制用户接入数量，当用户数量达到指定值时，任何用户将无法通过此接口申请到 IP 地址。

（3）DHCP 续租报文合法性检查。在为 DHCP 客户端分配 IP 地址的过程中，DHCP 服务器首先根据 DHCP 报文生成 DHCP Snooping 绑定表（该绑定表会记录 MAC 地址、IP 地址、租约时间、VLANID、接口等信息），然后检查 DHCP 报文与绑定表的合法性，丢弃非法报文，从而防御 DHCP 报文仿冒攻击。

2）DHCP 欺骗攻击的防御措施

DHCP Snooping 信任功能可以控制 DHCP 服务器应答报文的来源，以防御网络中可能存在的 DHCP 服务器仿冒者为 DHCP 客户端分配 IP 地址及其他配置信息。DHCP Snooping 信任功能通过两种方式来控制是否转发 DHCP 服务器的响应报文。

（1）信任端口。信任端口正常转发接收到的 DHCP 应答报文，而非信任端口在接收到 DHCP 服务器响应的 DHCP 相关报文后，会直接丢弃该报文。

（2）信任地址。信任 IP 地址是指当 DHCP 响应报文的源 IP 地址与配置项相匹配时，允许报文通过。信任 MAC 地址是指当 DHCP 响应报文的源 MAC 地址与配置项相匹配时，允许报文通过。信任 IP+MAC 地址是指当 DHCP 响应报文的源 IP 地址和 MAC 地址都与配置项相匹配时，允许报文通过。

3. MAC 地址洪泛攻击的原理及防御措施

攻击者使用攻击工具向交换机发送大量带有无效源 MAC 地址的数据帧，交换机会将无效的 MAC 地址通过源地址学习法学习到 MAC 地址表中，从而覆盖正常主机的 MAC 地址条目。此时，交换机的 MAC 地址表中存储的都是虚假或无效的 MAC 地址条目。当正常主机之间进行通信时，会向交换机发送数据，但交换机将无法在 MAC 地址表中找到合适的转发端口，因此会将该数据转发到除源端口以外的所有端口中。这时，攻击者能够收到网络中的所有通信数据，从而达到窃听的目的。

防御 MAC 地址洪泛攻击，只需在交换机上部署端口安全性。端口安全性可以限制只有指定的安全 MAC 地址才能通过端口传输数据帧，详见 8.3.1 节。

4. ARP 中间人攻击的原理及防御措施

ARP（Address Resolution Protocol，地址解析协议）是根据 IP 地址解析 MAC 地址的协议。主机先将包含目标 IP 地址信息的 ARP 请求广播到网络中，再接收应答消息，以此确定目标 IP 地址的 MAC 地址；在收到应答消息后，主机会将该 IP 地址和 MAC 地址存入本机的 ARP 缓存中，并保留一段时间，以便在下次请求时直接查询。

ARP 中间人攻击是指攻击者扮演中间人角色并实施攻击。攻击者先通过伪造 IP 地址和 MAC 地址进行欺骗，同时欺骗两方（这两方可以是局域网内的主机和网关），再在两方之间转发数据包，以实现嗅探和分析网络数据包，导致用户和网关的数据泄露。

ARP 中间人攻击的防御可以通过在不同设备上实施来实现。

（1）在主机中手动建立静态 ARP 表，并将 IP 地址与 MAC 地址进行绑定。

（2）在主机中使用 ARP 防火墙来固化 ARP 表。

（3）在交换或路由器中部署动态 ARP 检测功能。交换机或路由器会自动记录主机的 ARP 信息获取主机的 IP 地址、MAC 地址、VLAN，以及接口的绑定信息，并根据绑定信息查看主机发出 ARP 的信息与绑定信息是否匹配。如果匹配，则允许通过，否则丢弃或关闭该接口。

（4）在部署动态 ARP 检测功能后，如果攻击者连接到交换机或路由器并尝试发送伪造的 ARP 报文，则交换机或路由器会根据绑定表检测到该攻击，并丢弃该 ARP 报文。如果交换机或路由器同时开启了动态 ARP 检测丢弃报文告警功能，则当 ARP 报文因与绑定表不匹配而被丢弃的数量超过了告警阈值时，会发出告警通知网络管理员。

5. IP 地址欺骗攻击的原理及防御措施

IP 地址欺骗攻击是指伪造虚假的 IP 地址，以冒充他人。攻击者使用一台计算机上网，借用另外一台计算机的 IP 地址，冒充该计算机与网上用户进行通信，或者访问网络资源，以达到隐身的目的。

IP 地址欺骗的防御可以采用以下方式。

（1）禁止建立基于 IP 地址的信任关系，不采用源地址认证的服务系统，而采用基于密码的认证机制。

（2）在网络互联设备上进行过滤处理，即在路由器或交换机上部署 IP 地址欺骗检测功能，通过监控数据包来检测 IP 地址欺骗。如果在路由器上检测到数据包的源 IP 地址和目的 IP 地址都是本地 IP 地址，则将该数据视为攻击数据，并将其丢弃。这是因为同一局域网的通信不需要经过路由器。

（3）采用加密传输数据的方式，防御会话被劫持，从而避免发生欺骗。

（4）使用安全协议，如 S/MIME、SSL、IPSec 等。当用户连接远端设备时，特别是处理敏感工作或进行网络管理操作时，都应该使用安全协议。

13.1.2　项目背景

某公司因为业务发展而分为总部和异地分公司。由于总部的内网用户量较大，同时为了减少管理和维护的工作量，因此网络管理员在总部的核心交换机 CS1 上规划了 DHCP 服务，用于为总部内网用户动态分配 IP 地址，其中 DNS 服务器地址为固定值 192.168.0.10；由于分公司的内网用户量较小，因此直接采用静态地址分配方式。为了保证总部与分公司网络之间的安全互通，网络管理员采用 GRE 技术建立安全隧道的方式，实现总部与分公司网络之间的互联。隧道网段为 192.168.5.0/30，隧道两端地址分别为 192.168.5.1/30 和 192.168.5.2/30。总部内网经常会面临计算机病毒扩散和内部人员恶意攻击的风险，为了提高网络的安全性，网络管理员决定在总部接入层交换机上通过技术手段防御 MAC 地址洪泛攻击、DHCP 欺骗攻击、ARP 中间人攻击及 IP 地址欺骗攻击，避免用户数据被中间人窃取。网络拓扑结构如图 13-3 所示，VLAN 及地址分配如表 13-1 所示。

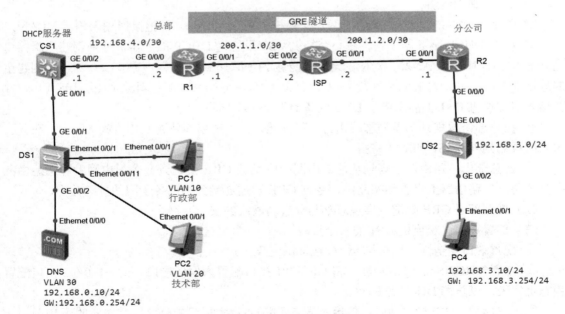

图 13-3　网络拓扑结构

表 13-1　VLAN 及地址分配

设备名	对应接口	VLAN	IP 地址	对端设备及接口
DS1	Ethernet 0/0/1～Ethernet 0/0/10	VLAN 10	192.168.10.0/24	PC1 Ethernet 0/0/1
	Ethernet 0/0/11～Ethernet 0/0/20	VLAN 20	192.168.10.0/24	PC2 Ethernet 0/0/1
	GE 0/0/1	—	—	CS1 GE 0/0/1
	GE 0/0/2	VLAN 30	192.168.0.10/24	DNS Ethernet 0/0/0
CS1	GE 0/0/1	—	—	DS1 GE 0/0/1
	GE 0/0/2	VLAN 99	192.168.4.1/30	R1 GE 0/0/0
R1	GE 0/0/0	—	192.168.4.2/30	CS1 GE 0/0/2
	GE 0/0/1	—	200.1.1.1	ISP GE 0/0/2
R2	GE 0/0/0	—	192.168.3.254/24	DS2 GE 0/0/1
	GE 0/0/1	—	200.1.2.1	ISP GE 0/0/1
ISP	GE 0/0/1	—	200.1.2.2	R2 GE 0/0/1
	GE 0/0/2	—	200.1.1.2	R1 GE 0/0/1
PC1	Ethernet 0/0/1	VLAN 10	DHCP	DS1 Ethernet 0/0/1
PC2	Ethernet 0/0/1	VLAN 20	DHCP	DS1 Ethernet 0/0/11
DNS	Ethernet 0/0/0	VLAN 30	192.168.0.10/24 GW：192.168.0.254/24	DS1 GE 0/0/2
PC4	Ethernet 0/0/1	—	192.168.3.10/24	DS2 GE 0/0/2

13.1.3　项目规划设计

根据分析该公司的项目背景，发现其中关键任务是在核心交换机上配置 DHCP 服务、在接入层交换机上配置安全策略和在总部与分公司的出口路由器上规划部署 GRE 隧道，主要规划如下。

（1）搭建基础网络。

① 配置 VLAN：在 DS1 和 CS1 两台交换机上规划 VLAN，并把接口划入相应 VLAN。

② 配置 DHCP 服务器：先将核心交换机 CS1 设置为 DHCP 服务器，分别创建逻辑接口地址池 VLAN 10、VLAN20，对应的地址段分别为 192.168.1.0/24、192.168.2.0/24，再创建全局地址池 VLAN30，对应的地址段为 192.168.0.0/24，排除 DNS 服务器地址 192.168.0.10，并在接入层交换机 DS1 上静态绑定 DNS 服务器地址 192.168.0.10。

③ 在总部内网规划部署静态路由，实现互通，并且规划到外网 ISP 的默认路由；在分公司内网规划到外网 ISP 的默认路由。

④ 在总部出口路由器上规划从总部内网网段经过 GRE 隧道到分公司内网的静态路由；在分公司出口路由器上设置静态路由，经过 GRE 隧道连接到总部各子网的静态路由。

（2）规划部署 GRE 隧道，实现总部与分公司网络的安全互联。

（3）部署接入层交换机 DS1 的安全策略。

① 配置端口安全性，以防御 MAC 地址洪泛攻击。

② 部署 DHCP Snooping 功能：将 GE 0/0/1 接口配置为信任接口，为 GE 0/0/2 接口配置静态绑定表，以防御 DHCP 欺骗攻击。

③ 部署动态 ARP 检测功能：使接入层交换机 DS1 对收到的 ARP 报文对应的源 IP 地址、

源 MAC 地址、VLAN 及接口信息进行 DHCP Snooping 绑定表匹配检查，以防御 ARP 中间人攻击。

④ 部署 IP 地址防护功能：使接入层交换机 DS1 对收到的 IP 报文对应的源 IP 地址、源 MAC 地址、VLAN 及接口信息进行 DHCP Snooping 绑定表匹配检查，以防御 IP 地址欺骗攻击。

13.1.4　项目部署实施

（1）总部基础网络的搭建。

① 在两台交换机上规划配置 VLAN。

```
//接入层交换机 DS1 的配置
[Huawei]sys
[Huawei]sysname DS1
[DS1]port-group group-member e0/0/1 to e0/0/10
[DS1-port-group]port link-type access
[DS1-port-group]port default vlan 10
[DS1]port-group group-member e0/0/11 to e0/0/20
[DS1-port-group]port link-type access
[DS1-port-group]port default vlan 20
[DS1]int g0/0/2
[DS1-GigabitEthernet0/0/2]port link-type access
[DS1-GigabitEthernet0/0/2]port default vlan 30
[DS1]int g0/0/1
[DS1-GigabitEthernet0/0/1]port link-type trunk
[DS1-GigabitEthernet0/0/1]port trunk allow-pass vlan 10 20 30
//核心交换机 CS1 的配置
[Huawei]sysname CS1
[CS1]vlan batch 10 20 30 99
[CS1]int g0/0/1
[CS1-GigabitEthernet0/0/1]port link-type trunk
[CS1-GigabitEthernet0/0/1]port trunk allow-pass vlan 10 20 30 99
[CS1-GigabitEthernet0/0/1]quit
[CS1]int vlanif 10
[CS1-vlanif10]ip add 192.168.1.254 24
[CS1-vlanif10]quit
[CS1]int vlan
[CS1]int vlanif 20
[CS1-vlanif20]ip  add 192.168.2.254 24
[CS1-vlanif20]quit
[CS1]int vlan 30
[CS1-vlanif30]ip add 192.168.0.254 24
[CS1-vlanif30]quit
[CS1]int g0/0/2
[CS1-GigabitEthernet0/0/2]port link-type access
[CS1-GigabitEthernet0/0/2]port default vlan 99
```

```
[CS1-GigabitEthernet0/0/2]quit
[CS1]int vlanif 99
[CS1-vlanif99]ip add 192.168.4.1 30
[CS1]ip route-static 0.0.0.0  0.0.0.0 192.168.4.2
```

② 部署 DHCP 服务器，在核心交换机 CS1 上配置 DHCP 服务，并创建逻辑接口地址池 VLAN10 和 VLAN20；分别将逻辑地址设置为 192.168.1.254 和 192.168.2.254，作为 VLAN10 和 VLAN20 的网关；VLAN10 对应的网段为 192.168.1.0/24，VLAN20 对应的网段为 192.168.2.0/24；地址租期均为 3 天。

```
[CS1]int vlanif 10
[CS1-vlanif10]dhcp select interface
[CS1-vlanif10]dhcp server dns-list 192.168.0.10
[CS1-vlanif10]dhcp server lease day 3
[CS1]int vlanif 20
[CS1-vlanif20]dhcp select interface
[CS1-vlanif20]dhcp server dns-list 192.168.0.10
[CS1-vlanif20]dhcp server lease day 3
//在核心交换机 CS1 上创建全局地址池 VLAN30，地址空间为 192.168.0.0/24
//网关地址为 192.168.0.254；将 192.168.0.10 作为 DNS 服务器，它不会包含在地址池中；租期为 3 天
[CS1]ip pool pool-vlan30
[CS1-ip-pool-pool-vlan30]network 192.168.0.0 mask 24
[CS1-ip-pool-pool-vlan30]gateway-list 192.168.0.254
[CS1-ip-pool-pool-vlan30]excluded-ip-address 192.168.0.10
[CS1-ip-pool-pool-vlan30]dns-list 192.168.0.10
[CS1-ip-pool-pool-vlan30]lease day 3
[CS1-ip-pool-pool-vlan30]quit
```

在 PC1、PC2 上检查 IP 地址，执行"ipconfig"命令，结果如图 13-4 所示。由图 13-4 可知，PC1 已经获取 IP 地址 192.168.1.253。

在 DNS 服务器上检查 IP 地址，测试能否与 VLAN10 的网关 192.168.1.254/24 互通，结果为可以互通，如图 13-5 所示。

图 13-4 PC1 的 IP 地址信息

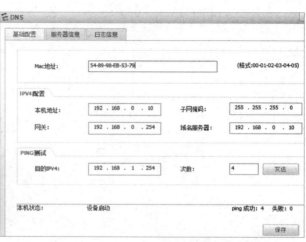

图 13-5 DNS 服务器与 VLAN10 的网关互通

（2）分公司基础网络的搭建。

```
[Huawei]sysname R2
[R2]int g0/0/0
[R2-GigabitEthernet0/0/0]ip add 192.168.3.254 24
[R2-GigabitEthernet0/0/0]quit
[R2]int g0/0/1
[R2-GigabitEthernet0/0/1]ip add 200.1.2.1 30
[R2-GigabitEthernet0/0/1]quit
```

（3）外网 ISP 的配置。

```
[Huawei]sys
[Huawei]sysname ISP
[ISP]int  G0/0/1
[ISP-GigabitEthernet0/0/1]ip add 200.1.2.2 30
[ISP-GigabitEthernet0/0/1]int G0/0/2
[ISP-GigabitEthernet0/0/2]ip add  200.1.1.2 30
```

（4）在路由器 R1 和 R2 上规划默认路由到外网，在外网 ISP 上分别规划到总部和分公司内网的静态路由，在 R1 上规划到总部内网的路由。

```
[R1]ip route-static 0.0.0.0  0.0.0.0  200.1.1.2
[R1]ip route-static 192.168.0.0  24  192.168.4.1
[R1]ip route-static 192.168.1.0  24  192.168.4.1
[R1]ip route-static 192.168.2.0 24 192.168.4.1
[R2]ip route-static 0.0.0.0 0.0.0.0 200.1.2.2
[ISP]ip route-static 0.0.0.0 0.0.0.0 200.1.1.1
[ISP]ip route-static 192.168.3.0 24 200.1.2.1
```

测试总部内网是否互通，从 PC1 可以 ping 通路由器 R1 的 GE 0/0/0 接口，结果如图 13-6 所示。

图 13-6　PC1 可以 ping 通路由器 R1 的 GE 0/0/0 接口

（5）在路由器 R1 上规划从总部内网经过 GRE 隧道到达分公司内网的静态路由，在路由器 R2 上规划从分公司内网经过 GRE 隧道到达分公司内网的静态路由。

```
[R1]ip route-static 192.168.3.0 24 192.168.5.2

[R2]ip route-static 192.168.0.0 24 192.168.5.1
[R2]ip route-static 192.168.1.0 24 192.168.5.1
[R2]ip route-static 192.168.2.0 24 192.168.5.1
[R2]ip route-static 192.168.4.0 30 192.168.5.1
```

（6）规划部署 GRE 隧道。

路由器 R1 的配置如下。

```
[R1]int tunnel 0/0/1
[R1-Tunnel0/0/1]tunnel-protocol  gre
[R1-Tunnel0/0/1]ip add 192.168.5.1 255.255.255.252
[R1-Tunnel0/0/1] source G0/0/1
[R1-Tunnel0/0/1]destination 200.1.2.1
```

路由器 R2 的配置如下。

```
[R2]int tunnel 0/0/1
[R2-Tunnel0/0/1]tunnel-protocol  gre
[R2-Tunnel0/0/1]ip add 192.168.5.2 255.255.255.252
[R2-Tunnel0/0/1] source G0/0/1
[R2-Tunnel0/0/1]destination 200.1.1.1
```

（7）在总部内网部署安全策略。

① 部署端口安全保护功能，以防御 MAC 地址洪泛攻击。

在接入层交换机 DS1 上配置端口安全保护功能。规划配置 Ethernet 0/0/1～Ethernet 0/0/20 接口的端口安全保护功能，限制 MAC 地址数量为 1，将安全保护模式设置为 restrict。

```
[DS1]port-group group-member e0/0/1 to e0/0/20
[DS1-port-group]port-security enable
[DS1-port-group]port-security max-mac-num 1
[DS1-port-group]port-security protect-action restrict
```

② 部署 DHCP Snooping 功能。

将接入层交换机 DS1 的 GE 0/0/1 接口配置为信任接口，为 GE 0/0/2 接口配置静态绑定表。Ethernet 0/01～Ethernet 0/0/20 接口为不可信任接口。

```
[DS1]dhcp enable
[DS1]dhcp snooping enable
[DS1]vlan 10
[DS1-vlan10]dhcp snooping enable
[DS1]vlan 20
[DS1-vlan20]dhcp snooping enable
[DS1]vlan 30
[DS1-vlan30]dhcp snooping enable
[DS1]int g0/0/1
[DS1-GigabitEthernet0/0/1]dhcp snooping trusted
[DS1]user-bind static ip-address 192.168.0.10 mac-address 5489-98EB-5379
interface g0/0/2  vlan 30
```

```
[DS1]port-group group-member e0/0/1 to e0/0/20
[DS1-port-group]dhcp snooping enable
```

③ 配置动态 ARP 检测，使接入层交换机 DS1 对接收到的 ARP 报文的源 IP 地址、源 MAC 地址、VLAN 及接口信息进行 DHCP Snooping 绑定表匹配检查，以防御 ARP 中间人攻击。在接入层交换机 DS1 的 Ethernet 0/0/1～Ethernet 0/0/20 接口上配置动态 ARP 检测功能。

```
[DS1]port-group group-member e0/0/1 to e0/0/20
[DS1-port-group]arp anti-attack check user-bind enable
[DS1-port-group]arp anti-attack check user-bind check-item ip-address mac-
address  vlan
```

④ 部署 IP 地址防护功能。

使接入层交换机 DS1 对接收到的 IP 报文的源 IP 地址、源 MAC 地址、VLAN 及接口信息进行 DHCP Snooping 绑定表匹配检查，以防御 IP 地址欺骗攻击。在接入层交换机 DS1 的 Ethernet 0/0/1～Ethernet 0/0/20 接口上配置 IP 地址防护功能。

```
[DS1]port-group group-member e0/0/1 to e0/0/20
[DS1-port-group]ip source check user-bind enable
[DS1-port-group]ip source check user-bind check-item ip-address mac-address
vlan
```

网络安全综合案
例二-验证测试

13.1.5　项目测试

（1）测试总部与分公司的内网是否互通。测试 PC1 能否 ping 通分公司的主机 PC4，结果为可以互通，如图 13-7 所示。

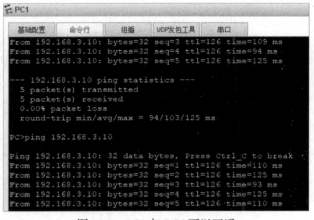

图 13-7　PC1 与 PC4 可以互通

（2）查看 DHCP Snooping 情况。

```
[DS1]display dhcp snooping
DHCP snooping global running information :
DHCP snooping : Enable
Static user max number : 1024
```

```
Current static user number : 1
Dhcp user max number : 1024 (default)
Current dhcp user number : 2
Arp dhcp-snooping detect : Disable (default)
Alarm threshold : 100 (default)
Check dhcp-rate : Disable (default)
Dhcp-rate limit(pps) : 100 (default)
Alarm dhcp-rate : Disable (default)
Alarm dhcp-rate threshold : 100 (default)
Discarded dhcp packets for rate limit : 0
Bind-table autosave : Disable (default)
Offline remove mac-address : Disable (default)
Client position transfer allowed : Enable (default)
DHCP snooping running information for vlan 10 :
DHCP snooping : Enable
Dhcp user max number : 1024 (default)
Current dhcp user number : 0
Check dhcp-giaddr : Disable (default)
Check dhcp-chaddr : Disable (default)
Check dhcp-request : Disable (default)
Check dhcp-rate : Disable (default)
......
DHCP snooping running information for interface GigabitEthernet0/0/1 :
DHCP snooping : Disable (default)
Trusted interface : Yes
Dhcp user max number : 1024 (default)
Current dhcp user number : 0
Check dhcp-giaddr : Disable (default)
Check dhcp-chaddr : Disable (default)
Alarm dhcp-chaddr : Disable (default)
Check dhcp-request : Disable (default)
Alarm dhcp-request : Disable (default)
Check dhcp-rate : Disable (default)
Alarm dhcp-rate : Disable (default)
Alarm dhcp-rate threshold : 100
Discarded dhcp packets for rate limit : 0
Alarm dhcp-reply : Disable (default)
```

执行“display dhcp static user-bind all”命令，查看 DHCP Snooping 配置，结果如图 13-8 所示。

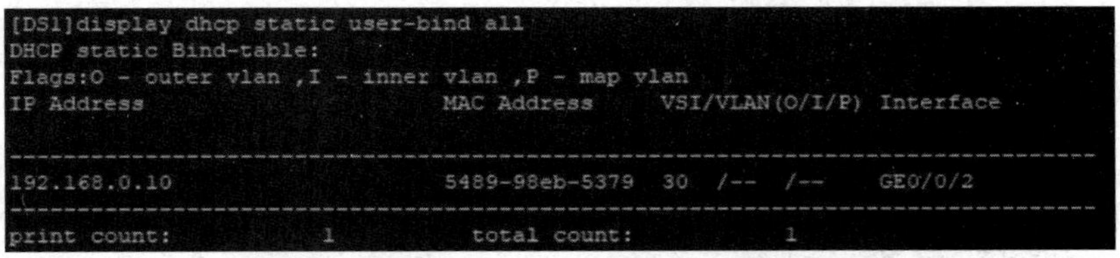

```
[DS1]display dhcp static user-bind all
DHCP static Bind-table:
Flags:O - outer vlan ,I - inner vlan ,P - map vlan
IP Address                   MAC Address     VSI/VLAN(O/I/P) Interface

--------------------------------------------------------------------------------
192.168.0.10                 5489-98eb-5379  30  /--  /--    GE0/0/2
--------------------------------------------------------------------------------
print count:          1          total count:          1
```

图 13-8　DHCP Snooping 配置

执行"display dhcp snooping vlan 10"命令，查看 VLAN 10 的 DHCP Snooping 配置，结果如图 13-9 所示。由图 13-9 可知，VLAN 的 DHCP Snooping 为 Enable，即开启状态。

```
<DS1>display arp anti-attack statistics check user-bind interface E0/0/1
Dropped ARP packet number is 0
Dropped ARP packet number since the latest warning is 0
<DS1>display ip source check user-bind interface GigabitEthernet 0/0/1
<DS1>display ip source check user-bind interface E 0/0/1
ip source check user-bind enable
<DS1>display dhcp snooping vlan 10
DHCP snooping running information for VLAN 10 :
DHCP snooping                        : Enable
Dhcp user max number                 : 1024      (default)
Current dhcp user number             : 1
Check dhcp-giaddr                    : Disable   (default)
Check dhcp-chaddr                    : Disable   (default)
Check dhcp-request                   : Disable   (default)
Check dhcp-rate                      : Disable   (default)
```

图 13-9　VLAN 10 的 DHCP Snooping 配置

执行"display dhcp snooping interface GigabitEthernet 0/0/1"命令，查看 GE 0/0/1 接口的 DHCP Snooping 配置，结果如图 13-10 所示。由图 13-10 可知，GE 0/0/1 接口的 DHCP Snooping 为 Disable，即关闭状态。

```
<DS1>display dhcp snooping interface GigabitEthernet 0/0/1
DHCP snooping running information for interface GigabitEthernet0/0/1 :
DHCP snooping                        : Disable   (default)
Trusted interface                    : Yes
Dhcp user max number                 : 1024      (default)
Current dhcp user number             : 0
Check dhcp-giaddr                    : Disable   (default)
Check dhcp-chaddr                    : Disable   (default)
Alarm dhcp-chaddr                    : Disable   (default)
Check dhcp-request                   : Disable   (default)
Alarm dhcp-request                   : Disable   (default)
Check dhcp-rate                      : Disable   (default)
Alarm dhcp-rate                      : Disable   (default)
Alarm dhcp-rate threshold            : 100
Discarded dhcp packets for rate limit : 0
Alarm dhcp-reply                     : Disable   (default)
```

图 13-10　GE 0/0/1 接口的 DHCP Snooping 情况

（3）查看防御 ARP 中间人攻击配置。

执行"dis arp anti-attack configuration check user-bind interface e0/0/1"命令，查看防御 ARP 中间人攻击配置，结果如图 13-11 所示。由图 13-11 可知，配置成功。

```
<DS1>dis arp anti-attack configuration check user-bind interface e0/0/1
arp anti-attack check user-bind enable
```

图 13-11　防御 ARP 中间人攻击配置

执行"display arp anti-attack configuration all"命令，查看所有防御 ARP 中间人攻击配置，结果如图 13-12 所示。

执行"display arp anti-attack statistics check user-bind interface E0/0/1"命令，查看接口下因与不匹配绑定表而被丢弃的 ARP 报文数量，结果如图 13-13 所示。

（4）查看防御 IP 地址欺骗攻击配置。

执行"display ip source check user-bind interface E 0/0/1"命令，查看防御 IP 地址欺骗攻击配置，如图 13-14 所示。由图 13-14 可知，防御 IP 地址欺骗攻击配置为 Enable，即开启状态。

将 DNS 服务器的 IP 地址改为 192.168.0.11/24，测试与 192.168.0.254 的连通性，结果如图 13-15 所示。DNS 服务器 ping 192.168.0.254 失败，双方不能进行通信。

```
<DS1>display arp anti-attack configuration all
ARP anti-attack packet-check function: disable

ARP gateway-duplicate anti-attack function: disabled

ARP anti-attack log-trap-timer: 0 second(s)
(The log and trap timer of speed-limit, default is 0 and means disabled.)

ARP anti-attack entry-check mode:
 Vlanif    Mode
--------------------------------------------------------------------------
 All       disabled
--------------------------------------------------------------------------

ARP rate-limit configuration:

Global configuration:
Interface configuration:
Vlan configuration:

ARP miss rate-limit configuration:

Global configuration:
Interface configuration:
Vlan configuration:
--------------------------------------------------------------------------
ARP speed-limit for source-MAC configuration:
MAC-address          suppress-rate(pps)(rate=0 means function disabled)
--------------------------------------------------------------------------
All                  0
--------------------------------------------------------------------------
The number of configured specified MAC address(es) is 0, spec is 512.

ARP speed-limit for source-IP configuration:
IP-address           suppress-rate(pps)(rate=0 means function disabled)
--------------------------------------------------------------------------
All                  0
--------------------------------------------------------------------------
The number of configured specified IP address(es) is 0, spec is 512.

ARP miss speed-limit for source-IP configuration:
IP-address           suppress-rate(pps)(rate=0 means function disabled)
--------------------------------------------------------------------------
All                  500
--------------------------------------------------------------------------
The number of configured specified IP address(es) is 0, spec is 512.
```

图 13-12　所有防御 ARP 中间人攻击配置

```
<DS1>display arp anti-attack statistics check user-bind interface E0/0/1
 Dropped ARP packet number is 0
 Dropped ARP packet number since the latest warning is 0
```

图 13-13　被丢弃的 ARP 报文数量

```
<DS1>display ip source check user-bind interface E 0/0/1
 ip source check user-bind enable
```

图 13-14　防御 IP 地址欺骗攻击配置

图 13-15　DNS 服务器与 192.168.0.254 的连通性

注意：在 eNSP 中，可能会出现防御 IP 地址欺骗功能无效的情况。

13.1.6 任务书

一、实训目的

通过项目实践，掌握防御网络攻击的方法，实现网络安全访问。

二、实训要求

请根据项目背景及项目规划设计完成以下任务。

（1）根据图 13-3 搭建并配置网络设备，规划内网的静态路由，实现网络互通。

（2）在核心交换机上部署 DHCP 服务器，为内网提供 DHCP 服务。

（3）部署 GRE，实现总部与分公司的互联。

（4）规划部署安全策略，防御 DHCP 欺骗攻击、MAC 地址洪泛攻击、ARP 中间人攻击及 IP 地址欺骗攻击。

（5）进行测试。

三、评分标准

（1）网络拓扑结构布局简洁、美观，标注清晰。（10%）

（2）正确搭建基础网络。（10%）

（3）正确规划部署 DHCP 服务。（10%）

（4）正确规划部署 GRE 隧道。（10%）

（5）正确规划部署安全策略。（50%）

（6）测试正确。（10%）

四、设备配置截图

五、测试结果截图

六、教师评语

实验成绩：   教师：

习题 13

一、单选题

1. 拒绝服务攻击的后果是（   ）。

A．被攻击的服务器资源耗尽   B．被攻击者无法提供正常的服务

C．被攻击者的系统崩溃   D．ABC 都有可能

2.（   ）安全机制不能用于实现"机密性服务"。

A．加密   B．访问控制   C．通信填充   D．路由控制

3. 保证网络安全的主要因素是（   ）。

A．拥有最新的防病毒和防黑客软件   B．使用高档机器

C．使用者的计算机安全素养   D．安装多层防火墙

4. 如果一个服务器正在受到网络攻击，第一件应该做的事情是（   ）。

A．断开网络   B．杀毒

C．检查重要数据是否被破坏   D．设置陷阱，抓住网络攻击者

5. 下面关于 DHCP 欺骗攻击的描述，错误的是（   ）。

A．终端发送的 DHCP 发现报文会到达所有 DHCP 服务器

B．终端无法判断 DHCP 提供报文发送者的身份

C．终端无法判断 DHCP 服务器中网络信息的正确性

D．以太网无法阻止伪造的 DHCP 服务器提供网络信息配置服务器

6. 为了使 arpspoof 工具的中间人攻击生效，必须启动攻击机的（   ）功能。

A．ARP 欺骗   B．DNS 欺骗   C．IP 地址转发   D．域名解析

二、问答题

1. 什么是中间人攻击？其攻击原理是什么？

2. 什么是欺骗攻击？常见的欺骗攻击有哪些？

附录 A

习题参考答案

习题 2

一、单选题　AADCAA

二、问答题

1. 基于端口、基于 MAC 地址、基于 IP 地址、基于协议、基于策略划分方式。

2. 借助路由器，即将路由器的物理接口虚拟成多个子接口，实现 VLAN 之间的通信；借助三层交换机，即在三层交换机上为各个 VLAN 配置虚拟接口。虚拟接口就是相应 VLAN 的网关。

习题 3

一、单选题　BCADAC

二、问答题

寻找邻居、建立邻接关系、传递链路状态信息、计算路由。

习题 4

一、单选题　BBAACB

二、问答题

RIP 使用跳数作为度量值来衡量到达目的地址的距离。在 RIP 网络中，每台路由器都需要维护从自身到每个目的网络的路由信息，并使用跳数来衡量网络间的"距离"。从一台路由器到其直连网络的跳数为 1，从一台路由器到其非直连网络的距离为每经过一台路由器就增加 1。"距离"也被称为"跳数"。RIP 允许路由的最大跳数为 15，因此 16 表示不可达。

习题 5

一、单选题　　CDCDDC

二、问答题

1. 登录网络设备的方式有通过控制口登录、通过 Telnet 登录、通过 SSH 登录、通过 Web 浏览器登录及通过 SNMP 网管工作站登录。

2. 静态路由主要应用于：①网络环境比较简单，网络管理员可以很清楚地了解网络拓扑结构；②为了安全，希望隐藏网络中的一部分信息；③访问末节网络。

习题 6

一、单选题　　CBABCD

二、问答题

（1）加密方式不同。Telnet 采用明文传输，SSH 采用加密传输。Telnet 通过 TCP/IP 协议簇来访问远程终端，传输的数据和口令是明文形式的。SSH 的传输方式是加密形式。SSH 的功能比 Telnet 的功能齐全，它既可以代替 Telnet 远程管理终端，又可以为 FTP、POP、基础 PPP 提供一个安全的通道。

（2）端口号不同。Telnet 的端口号为 23，SSH 的端口号为 22。

习题 7

一、单选题　　DCBDA

二、问答题

NAT 有静态 NAT、动态 NAT、静态 NAPT、动态 NAPT、Easy IP。

习题 8

一、单选题　　DCBBB

二、问答题

ACL 就是访问控制列表。ACL 主要用于过滤邻居设备之间传递的路由信息；控制交互访问，以此阻止非法访问设备的行为，如对控制口的访问实施控制；为 DDR 路由和 IPSec VPN 定义感兴趣流；以多种方式在 IOS 中实现 QOS 特性；减少 DoS TCP SYN 和 DoS smurf 攻击等。

习题 9

一、单选题　　BBDDC

二、问答题

1．AAA 提供了认证、授权、计费 3 种安全功能。AAA 支持的认证模式包括不认证、本地认证和远端认证。

2．PPP 包括 PAP 和 CHAP 两种认证方式。

习题 10

一、单选题　　DBABD

二、问答题

1．链路聚合又被称为链路捆绑，是指将两台设备之间的多条物理链路汇聚在一起，形成一条逻辑链路，实现流量在构成聚合链路的所有物理链路之间的分担，从而提高网络连接的带宽。常见的链路聚合模式有手动模式和 LACP 模式。

2．VRRP 是一种在局域网中提供冗余路由器的协议。VRRP 的工作原理是通过虚拟技术，在逻辑上将多台物理设备合并为一台虚拟设备，同时让物理路由器对外隐藏各自的信息，以便针对其他设备提供一致性的服务。

习题 11

一、单选题　　BBBBD

二、问答题

VPN（Virtual Private Network，虚拟专用网络）是在公有网络（通常是互联网）上建立的、临时的、安全的连接，是一条穿过非安全网络的安全、稳定的隧道，可以低成本实现异地网络的互联，或者让出差员工访问企业网络。由于 VPN 采取了多种加密技术，保证了数据在公共网络传输时的安全，因此 VPN 主要应用于需要通过公共网络传输私密数据，并确保安全传输的场景，如需要异地互联的子公司、分支机构或外地出差员工安全地联接内部网络。

习题 12

一、单选题　　CBACC

二、问答题

ACL 的主要作用是：①限制网络流量、提高网络性能；②提供对通信流量的控制手段；③提供网络安全访问的基本手段；④在路由器端口上决定转发或阻止哪种类型的通信流量。

链路聚合的主要功能是增加链路带宽，实现链路相互备份，提高网络可靠性。

习题 13

一、单选题　　DBCADC

二、问答题

1．中间人攻击是指通过各种技术手段，将受入侵者控制的一台计算机虚拟放置在网络连接的两台通信计算机之间。这台计算机被称为"中间人"。中间人攻击的原理是利用 ARP 欺骗、DNS 欺骗、Wi-Fi 劫持等方式，在窃取通信数据的过程中偷换数据包，篡改或伪造数据，最终达到盗取敏感信息或实现攻击的目的。

2．欺骗攻击是指首先攻击者利用伪装后的身份与其他主机进行合法的通信或发送虚假的报文，使受到攻击的主机出现错误；然后攻击者会伪造一系列虚假的网络地址，替代真实主机提供网络服务，以此获取用户的合法信息并加以利用；最后攻击者攻击其他主机或获取经济利益。这种行为属于网络欺诈。常见的欺骗攻击包括 IP 地址欺骗攻击、DNS 欺骗攻击、DHCP 欺骗攻击、ARP 欺骗攻击、钓鱼网站等。

反侵权盗版声明

电子工业出版社依法对本作品享有专有出版权。任何未经权利人书面许可，复制、销售或通过信息网络传播本作品的行为；歪曲、篡改、剽窃本作品的行为，均违反《中华人民共和国著作权法》，其行为人应承担相应的民事责任和行政责任，构成犯罪的，将被依法追究刑事责任。

为了维护市场秩序，保护权利人的合法权益，我社将依法查处和打击侵权盗版的单位和个人。欢迎社会各界人士积极举报侵权盗版行为，本社将奖励举报有功人员，并保证举报人的信息不被泄露。

举报电话：（010）88254396；（010）88258888

传　　真：（010）88254397

E-mail：dbqq@phei.com.cn

通信地址：北京市万寿路 173 信箱

电子工业出版社总编办公室

邮　　编：100036